今すぐ使える **かんたん**

Photoshop Elements 15

Imasugu Tsukaeru Kantan Series : Photoshop Elements 15

技術評論社

本書の使い方

- 本書の各セクションでは、画面を使った操作の手順を追うだけで、Photoshop Elements 15の各機能の使い方ががわかるようになっています。
- 各機能を実際に試してみたい場合は、サンプルファイルをダウンロードして利用することができます（P.20参照）。

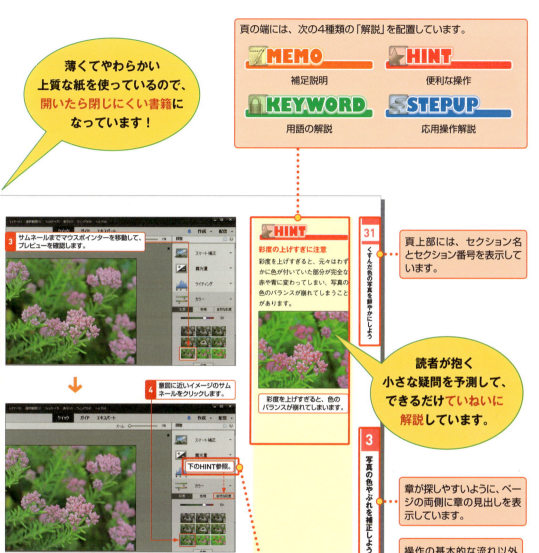

補正・加工一覧

- 本書で解説している補正と加工の一覧です。それぞれの具体的な手順についてはページを参照してください。
- なお、ここに記しているもの以外に、写真の整理と保存や公開方法についても解説しています。

●ぼけを補正する ……………………… P.104　　●鮮やかさを補正する ………………… P.106

●明るさを補正する …………………… P.108　　●明るさと色合いを同時に補正する ‥P.110

●手ぶれを補正する …………………… P.112　　●かすみを除去する …………………… P.114

●表情を笑顔にする …………………P.116　●顔色を自然にする …………………P.124

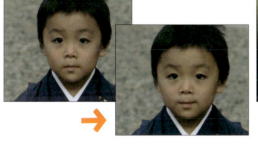 

●黄色を鮮やかにする ………………P.126　●メリハリを付ける …………………P.128

●料理をおいしそうな色にする ……P.132　●暗がりのざらつきを減らす ………P.134

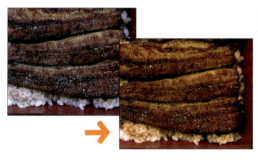 

●瞳の変色を補正する ………………P.136　●暗い部分を明るくする ……………P.138

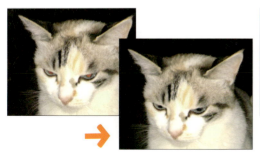 

かんたん
Photoshop
Elements
15

- ●必要な部分を切り抜く ……………… P.140
- ●不要なものを消す …………………… P.142

- ●傾きを修正する ……………………… P.146
- ●古い写真をきれいにする ………… P.150

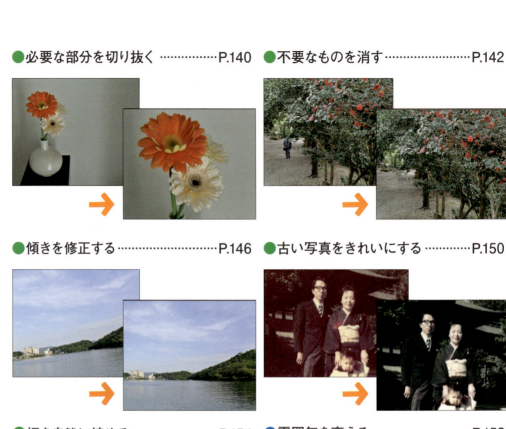

- ●幅を自然に縮める …………………… P.154
- ●雰囲気を変える ……………………… P.158

- ●フレームを付ける …………………… P.159
- ●モノクロ写真にする ………………… P.160

● 特定の色を変える ……………… P.162　● マンガの絵のように見せる ………… P.164

● 光を入れる …………………… P.166　● 一部だけ色を残す ………………… P.168

● 幻想的な雰囲気を与える ………… P.170　● 模型のように見せる ………………… P.172

● トイカメラで撮ったように見せる ……P.174　● 好きな場所にピントを合わせる …P.176

かんたん
Photoshop
Elements
15

●水に反射したように見せる………P.178　●飛び出してくるように見せる………P.182

●枠から飛び出させる………P.184　●天気を変える………P.188

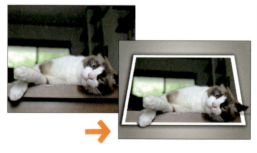

●絵画タッチにする………P.192　●余計な部分をぼかす………P.194

●模様を付ける………P.196　●文字を加える………P.198

● 写真から文字を作る ……………… P.202　● 好きな形に切り抜く ……………… P.204

● パノラマ写真を作る ……………… P.232　● いいところだけを組み合わせる‥P.236

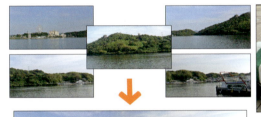

● RAWの補正 ……………… P.242～256

● 複数の写真を合成する ….P.210～P.231　● カードを作成する ………… P.270～P.286

かんたん
Photoshop
Elements
15

目次

第1章 Photoshop Elementsを使う前に

Section 01　Photoshop Elementsとは何か　22
- Photoshop Elementsはフォトレタッチソフト
- パソコンに取り込んだ写真を管理する
- 写真のかすみや色みを補正する
- 写真を加工して雰囲気を変える
- レイヤーを使って画像を合成する
- 文字やフレームを使って写真をデザインする

Section 02　Photoshop Elements 15の新機能　26
- 強化された整理・検索機能
- 人物の顔立ちも調整できるようになった
- ガイドモードには高度な加工が追加された
- タッチ操作にも対応した

Section 03　知っておきたい画像編集の基礎知識　28
- Photoshop Elementsで扱う画像の種類
- Photoshop Elementsで扱う色の種類

Section 04　Photoshop Elementsのインストール　30
- Photoshop Elementsを利用するための条件
- Windows版 Photoshop Elementsのインストール準備
- Windows版をインストールする
- OS X版をインストールする

Section 05　Photoshop Elementsの基本操作　36
- 最初に起動するソフトを選ぶ
- 2つのソフトを切り替えて使う

Section 06　Photoshop Elementsの起動と終了　38
- Windows版を起動する
- Windows版を終了する
- OS X版を起動する
- OS X版を終了する

目次

第2章　写真を取り込んで整理しよう

Section 07　Elements Organizerで写真を整理しよう　42
　　Elements Organizerは写真管理ソフト
　　写真をさまざまな方法で分類できる

Section 08　Elements Organizerの画面構成　44
　　Elements Organizerの各部名称
　　ビューを切り替える

Section 09　パソコンの写真を一括で取り込もう　46
　　取り込む写真を選択する

Section 10　ファイルやフォルダーを指定して取り込もう　48
　　取り込む写真を選択する
　　選択したフォルダーを取り込む
　　OS Xで写真を取り込む

Section 11　デジタルカメラの写真を取り込もう　52
　　＜フォトダウンローダ＞ダイアログボックスを表示する
　　保存先を指定して写真を取り込む

Section 12　Elements Organizerで写真を閲覧しよう　56
　　サムネールの表示サイズを変更する
　　1枚の写真だけを拡大表示する
　　写真を回転する
　　写真を削除する

Section 13　写真をフォルダーごとに表示しよう　60
　　マイフォルダーパネルに切り替える
　　実際のフォルダー階層を表示する

Section 14　写真を画面全体に表示しよう　62
　　フルスクリーン表示に切り替える

Section 15　写真を2枚並べて比較しよう　64
　　フルスクリーンで2つの写真を表示する
　　2つの写真を同時に拡大する

Section 16　似ている写真をまとめよう　66
　　スタックを作成する
　　スタックを展開する

Section 17　撮影年や月ごとに写真を整理しよう　68
　　タイムグラフを使って表示する写真を絞り込む
　　タイムグラフで期間を設定する

かんたん
Photoshop
Elements
15

目次

Section 18 人物ごとに写真を分類しよう　　70
人物ビューに切り替えて名前を登録する
人物を結合する・追加する
写真から人物を手動で追加する

Section 19 アルバムを作成しよう　　74
アルバムを作成する
アルバムを閲覧する

Section 20 イベントごとに写真をまとめよう　　76
イベントを作成して写真をまとめる

Section 21 タグで写真を分類しよう　　78
新しいカテゴリとタグを作成する
写真にタグを付ける
タグを使って写真を絞り込む

Section 22 写真に重要度を設定しよう　　82
重要度を設定する
重要度を使って絞り込む

Section 23 色々な情報を使って写真を検索しよう　　84
検索画面を利用する
<検索>メニューを利用する

第3章　写真の色やぶれを補正しよう

Section 24 Elements Editorの画面構成　　88
クイックモードの画面構成
エキスパートモードの画面構成

Section 25 ツールボックスの操作方法　　90
ツールの名称
ツールオプションバーの利用

Section 26 パネルの操作方法　　92
パネルを表示する
その他のパネルを好きな場所に配置する

Section 27 編集する写真を表示しよう　　94
Elements Organizerから編集したい写真を開く
写真を拡大表示する
Elements Organizerなしで写真を開く
写真を閉じる

目次

Section 28	作業しやすく表示を変更しよう	98
	写真の表示範囲を変更する	
	補正前と補正後の写真を並べて表示する	

Section 29	おまかせで自動的に補正しよう	100
	写真の明るさを自動的に補正する	
	プレビューを見ながら補正する	
	補正を細かく調整する	

Section 30	ぼけた写真をはっきりさせよう	104
	シャープを設定する	

Section 31	くすんだ色の写真を鮮やかにしよう	106
	彩度を調整する	

Section 32	逆光で撮影した写真を明るくしよう	108
	スマート補正で大まかに明るさを調整する	
	暗い部分を少し明るくする	

Section 33	自然な明るさに補正しよう	110
	明るさと色合いを自動補正する	
	明るさと色合いを微調整する	

Section 34	手ぶれを補正しよう	112
	ぶれの軽減機能を利用する	

Section 35	かすみを除去しよう	114
	かすみの除去機能を利用する	

Section 36	表情を笑顔に変えよう	116
	顔立ちを調整機能を利用する	

Section 37	操作の取り消しとやり直しを知ろう	118
	ボタンで操作を取り消す	
	ヒストリーパネルを利用する	

Section 38	補正した写真を保存しよう	120
	写真を保存する	
	補正前の写真を確認する	

かんたん
Photoshop
Elements
15

目次

第4章　イメージ通りに補正しよう

| Section 39 | 人物の肌をいきいきとした色にしよう | 124 |

肌色を基準に全体の色を補正する

| Section 40 | 花の色だけ鮮やかな色にしよう | 126 |

＜色相／彩度＞ダイアログボックスを利用する

| Section 41 | 明暗差を調整してメリハリを付けよう | 128 |

＜カラーカーブを補正＞ダイアログボックスを利用する
明るさを調整する

| Section 42 | 料理をおいしく見せよう | 132 |

レンズフィルターで色温度を調整する

| Section 43 | 暗がりで撮影した写真のざらつきを減らそう | 134 |

ノイズを減らす機能を利用する

| Section 44 | フラッシュによる目の変色を補正しよう | 136 |

赤目修正ツールを使う

| Section 45 | 影で暗くなった部分を明るくしよう | 138 |

覆い焼きツールを利用する

| Section 46 | 写真から必要な部分を切り抜こう | 140 |

切り抜きツールで写真を切り抜く

| Section 47 | 傷や不要な被写体を消去しよう | 142 |

スポット修復ブラシツールで自動的に消す
修復ブラシツールで不要な被写体を消す

| Section 48 | 傾いてしまった写真をまっすぐにしよう | 146 |

ガイドモードに切り替える
角度を補正し、保存する

| Section 49 | 古い写真をきれいにしよう | 150 |

「古い写真の復元」を利用する
キズやゴミをまとめて取り除く
細かいキズやゴミを取り除き、保存する

| Section 50 | 写真の幅を自然に縮めよう | 154 |

再構築ツールで保護したい部分を指定する
写真の幅を縮める

第5章 写真を加工して雰囲気を変えよう

Section 51 写真の雰囲気をワンタッチで変化させよう　158
効果を利用する
フレームを付ける

Section 52 写真をモノクロにしよう　160
モノクロバリエーション機能を利用する

Section 53 色を一部置き換えよう　162
色の置き換え機能を利用する

Section 54 コミック風の効果を付けよう　164
「コミック」フィルターを適用する

Section 55 光の反射を加えよう　166
「逆光」フィルターを適用する

Section 56 一部分だけ色を残した写真に加工しよう　168
「白黒：カラーの強調」を利用する

Section 57 写真に幻想的な効果を加えよう　170
オートン効果を利用する

Section 58 ミニチュア模型のように加工しよう　172
チルトシフトを利用する

Section 59 トイカメラ風の写真にしよう　174
ロモカメラ効果を利用する

Section 60 注目したい部分だけにピントを合わせよう　176
被写界深度機能を利用する

Section 61 水面に反射したような写真に加工しよう　178
反射画像を作成する
反射をリアルに仕上げる

Section 62 被写体が飛び出すように見える加工をしよう　182
露光間ズーム効果を適用する

Section 63 写真を枠から飛び出させよう　184
写真にフレームを付ける
はみ出させる範囲を指定する

目次

| Section 64 | 撮影時の天候をイメージ通りに変えてみよう | 188 |

スマートブラシツールで空を青くする
ほかの特殊効果に変更する
別の範囲に特殊効果を設定する

| Section 65 | 水彩画風に加工しよう | 192 |

印象派ブラシツールを利用する

| Section 66 | 被写体の周囲をきれいにぼかしてみよう | 194 |

ぼかす範囲を選択する
「ぼかし」を適用する

| Section 67 | 写真に模様を付けよう | 196 |

特殊効果ブラシで模様を描く

| Section 68 | 写真に文字を加えてみよう | 198 |

文字を入力する
文字をグラデーションで塗る

| Section 69 | 写真を使って文字を作ろう | 202 |

写真テキストを適用する

| Section 70 | 写真を型抜きしよう | 204 |

型抜きに使う図形を選ぶ
写真を型抜きする

第6章 複数の写真を組み合わせよう

| Section 71 | 写真を合成しよう | 208 |

合成する範囲を選択する
レイヤーを使って合成する
特殊効果を使いこなす
集合写真を合成する

| Section 72 | レイヤーのしくみを知ろう | 210 |

レイヤーとレイヤーパネル
レイヤーの状態を見る
テキストレイヤーで文字を入力する
<レイヤー>メニューの利用

| Section 73 | 合成に必要な部分を選択して切り取ろう | 214 |

範囲を四角形で選択する
範囲を楕円形で選択する
選択範囲を追加する
選択範囲を移動する
複雑な形の範囲をすばやく選択する

| Section 74 | 切り取った部分を別の写真に貼り付けよう | 220 |

写真を別の写真に貼り付ける
貼り付けた画像の位置やサイズを調整する
写真に文字を配置する
文字の大きさや配置を調整する
合成した写真を保存する

| Section 75 | レイヤーの組み合わせで雰囲気を変えよう | 226 |

新規レイヤーを追加する
レイヤー上をグラデーションで塗りつぶす
レイヤーの順番を入れ替える
レイヤースタイルを利用する

| Section 76 | パノラマ写真を作成しよう | 232 |

素材を指定して合成する
余白を切り取る

| Section 77 | 複数の人物写真を1つにまとめよう | 236 |

素材となる写真を指定する
合成する部分を指定する
余白を切り取る

第7章 RAW現像を楽しもう

| Section 78 | RAW現像の基本を知ろう | 242 |

RAWファイルとは何か
Camera RawでできるRAWファイルの補正

| Section 79 | Camera Rawの基本操作を知ろう | 244 |

RAWファイルを開く
Camera Rawの画面構成
補正を保存して閉じる
別ファイル形式で保存する

| Section 80 | 露光量を調整しよう | 248 |

<露光量>スライダーを利用する

かんたん Photoshop Elements 15

目次

Section 81	彩度を調整しよう	250
	＜彩度＞スライダーを利用する	
Section 82	ホワイトバランスを調整しよう	252
	ホワイトバランスツールを利用する	
Section 83	輪郭を調整しよう	254
	シャープコントロールを利用する	
Section 84	RAWファイルを保存しよう	256
	DNG形式で保存する	

第8章　写真を印刷しよう

Section 85	印刷に必要なものを揃えよう	258
	プリンターで印刷する	
	プリントサービスを利用する	
	ハガキに合わせて加工する	
Section 86	お気に入りの1枚を印刷しよう	260
	Elements Organizerから印刷する	
Section 87	複数の写真をまとめて印刷しよう	262
	ピクチャパッケージを印刷する	
Section 88	写真のカタログを作ろう	264
	インデックスプリントで印刷する	
Section 89	日付やファイル名を付けて印刷しよう	266
	＜プリントの指定＞を利用する	
Section 90	印刷のサイズを自由に調整しよう	268
	＜カスタムプリントサイズ＞を利用する	
Section 91	写真と文字やイラストを組み合わせたはがきを作ろう	270
	はがきサイズの画像を作成する	
	フレームを使って写真を配置する	
	背景を設定する	
	文字を書き込む	
	イラストを追加する	
Section 92	はがきサイズの画像を作成しよう	272
	画像を新規作成する	

Section 93	**フレームを選んで写真を挿入しよう**	**274**
	フレームを配置する	
	背景を設定する	

Section 94	**はがきに文字を書き加えよう**	**278**
	文字を入力する	
	文字の色やスタイルを指定する	

Section 95	**はがきにイラストを追加しよう**	**282**
	グラフィックパネルからイラストを貼り付ける	

Section 96	**はがきを印刷しよう**	**284**
	保存して印刷する	
	JPEG形式で保存する	

第9章 大切な写真を保存・公開しよう

Section 97	**写真のサイズを変更しよう**	**288**
	用紙に合わせて写真を小さくする	
	画像解像度を変えて写真を小さくする	

Section 98	**Webページ用に写真を保存しよう**	**292**
	＜Web用に保存＞ダイアログボックスを表示する	
	ファイル形式と解像度を変更する	

Section 99	**フォトコラージュを作成しよう**	**294**
	フォトコラージュを作成する	
	写真のレイアウトを変更する	
	背景を変更する	

Section 100	**スライドショーを作成しよう**	**298**
	スライドショーを作成する	
	スライドの内容を編集する	
	スライドショーを保存する	
	スライドショーを書き出す	

Section 101	**CD-RやUSBメモリーに写真を保存しよう**	**304**
	USBメモリーに写真を保存する	
	CD-Rに写真を保存する	

Section 102	**写真のバックアップを作成しよう**	**308**
	カタログのバックアップをとる	

App 01	**Photoshop Elements 体験版のインストール** 310
	ダウンロード・インストールする
App 02	**Photoshop Elements のアンインストール** 314
	Windows版をアンインストールする
	OS X版をアンインストールする

索引　318

サンプルファイルのダウンロード

本書で使用しているサンプルファイルは、以下のURLのサポートページからダウンロードすることができます。ダウンロードしたときは圧縮ファイルの状態なので、展開してから使用してください。なお書籍内で利用したもののうち一部のファイルは収録されていません。

http://gihyo.jp/book/2016/978-4-7741-8539-2/support

ご注意：ご購入・ご利用の前に必ずお読みください

- 本書に記載された内容は、情報の提供のみを目的としています。したがって、本書を用いた運用は、必ずお客様自身の責任と判断によって行ってください。これらの情報の運用の結果について、技術評論社および著者はいかなる責任も負いません。

- ソフトウェアに関する記述は、特に断りのないかぎり、2016年10月現在での最新バージョンをもとにしています。ソフトウェアはバージョンアップされる場合があり、本書での説明とは機能内容や画面図などが異なってしまうこともあり得ます。あらかじめご了承ください。

- 本書の説明では、OSは「Windows 10」「Mac OS X 10.12」、Photoshop Elementsは「Photoshop Elements 15」を使用しています。それ以外のOS（Windows 7など）では画面内容が異なる場合があります。あらかじめご了承ください。

以上の注意事項をご承諾いただいた上で、本書をご利用願います。これらの注意事項をお読みいただかずに、お問い合わせいただいても、技術評論社および著者は対処しかねます。あらかじめ、ご承知おきください。

■本書に掲載した会社名、プログラム名、システム名などは、米国およびその他の国における登録商標または商標です。本文中では™、®マークは明記していません。

第1章
Photoshop Elementsを使う前に

Section
- 01 Photoshop Elementsとは何か
- 02 Photoshop Elements 15の新機能
- 03 知っておきたい画像編集の基礎知識
- 04 Photoshop Elementsのインストール
- 05 Photoshop Elementsの基本操作
- 06 Photoshop Elementsの起動と終了

Section 01 Photoshop Elementsとは何か

覚えておきたいキーワード
Photoshop Elements
フォトレタッチソフト

Photoshop Elementsは、デジタルカメラなどから取り込んだ写真を管理し、簡単な操作で補正したり加工したりすることができるフォトレタッチソフトです。

1 Photoshop Elementsはフォトレタッチソフト

1 デジタルカメラやスマートフォンで撮影した写真をもとに、

2 補正や加工、修正、ポストカードの作成などを行うことができます。

KEYWORD

Photoshop Elements 15

Adobe Photoshop Elements 15（以降Photoshop Elements 15と表記）は、アドビシステムズが開発・販売する入門者向けのフォトレタッチソフトです。
デジタルカメラやスマートフォンからパソコンに写真を取り込んで、簡単に整理・補正・加工することができます。

HINT

Photoshop Elementsを購入するには？

Photoshop Elementsは、家電量販店やアドビシステムズのオンラインストアなどで購入できます。単体パッケージのほかに、ビデオ編集ソフトの「Premiere Elements 15」とセットになったパッケージも販売されています。
なお、アドビシステムズのWebページでは、30日間無料で使用できる体験版をダウンロードすることができます（App 01参照）。体験版を試用してから、製品版の購入を検討してもよいでしょう。

2 パソコンに取り込んだ写真を管理する

タグや重要度を設定して管理する

パソコンに取り込んだ写真を
さまざまな方法で管理します。

撮影日で写真を分類する

撮影日別に自動的に
分類することができます。

写真を素材とした作品が作れる

スライドショーなどの作品を
簡単に作ることができます。

MEMO

写真の一括管理

パソコンに保存された写真は、Photoshop Elementsに含まれるElements Organizerというソフトでまとめて管理できます（第2章参照）。
キーワードタグや重要度を設定して写真を分類したり、条件を指定して写真を検索したりすることが可能です。また、横倒しの写真を縦にするといった簡単な編集なら、Elements Organizerだけで行えます。

HINT

自動的に写真を分類できる

Elements Organizerには写真を自動的に分類・検索する機能も用意されています。写真が保存されているフォルダー別に分ける「マイフォルダー」、写っている顔で分類する「人物」、撮影場所で分類する「場所」、撮影日で分類する「イベント」といったものがあります。

MEMO

写真を利用した作品の作成と配信

Elements Organizerからはスライドショーやグリーティングカード、カレンダーなど、写真を素材にしたさまざまな作品を作ることができます（第9章参照）。

3 写真のかすみや色みを補正する

かすみを除去する

かすみを除去して鮮明な写真に仕上げます。

色みを補正する

明度や彩度を調整して立体感をもたせます。

MEMO

写真の補正

Photoshop Elementsの補正機能を利用すれば、写真を思いどおりに補正することができます。手ぶれや色の補正も簡単です（第3章、第4章参照）。また、RAWデータの補正も行うことができます（第7章参照）。

4 写真を加工して雰囲気を変える

幻想的な雰囲気をもたせる

ぼかしとノイズを与えてふわっとした雰囲気に加工します。

コミックのような世界観を出す

ペンで描いたような輪郭や色合いに加工します。

MEMO

写真の加工

Photoshop Elementsはモノクロ化したり、絵画調に加工したりすることで、写真を1つの「作品」に仕上げることもできます（第5章参照）。

5 レイヤーを使って画像を合成する

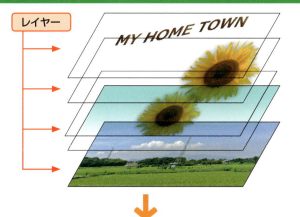

レイヤーを重ねて合成写真を作ります。

MEMO

レイヤーによる合成

Photoshop Elementsでは、複数の写真を合成するための「レイヤー」という機能が用意されています。レイヤーを利用すると、複数の写真を重ね合わせて、1枚の写真に合成することができます（第6章参照）。レイヤーには不透明度や描画モード、レイヤースタイルなどの特殊効果を与えることもできます。

6 文字やフレームを使って写真をデザインする

写真にタイトルや印象的なひと言を文字で添えたり、複数の写真を美しくレイアウトして印刷したりできます。

MEMO

文字入力と写真のレイアウト

Photoshop Elementsでは、写真に重ねるように文字入力したり（第5章、第6章参照）、複数の写真を1枚の台紙にレイアウトしたりできます（第9章参照）。こうした機能を利用して、写真を素材にポストカードやポスターなどを作り、家族や友人などと写真を共有して楽しむことができます。

Section 02 Photoshop Elements 15 の新機能

覚えておきたいキーワード
- スマートタグ
- 複数条件による検索

Photoshop Elements 15では、整理と検索機能が強化され、大量の写真の管理がより楽になりました。さらに、ガイドモードで行える高度な加工が増えたほか、タッチ操作にも対応しました。

1 強化された整理・検索機能

分類を一覧できる画面

分類を一覧できる画面で、写真の保管場所を一目で確認できます。

MEMO　強力な整理機能

Photoshop Elements 15では、場所や人物／日付といったさまざまな分類を一覧表示できるような画面が検索画面として新たに設けられました。これにより、大量に写真を読み込んでもどこに何があるのかがすぐわかります。

スマートタグによる整理

類似している被写体に応じて自動的にタグを付け、整理してくれます。

MEMO　スマートタグによる整理

写真の分類に便利なタグ付け。Elements Organizerでは手動で好きなタグを付けることも可能ですが、大量の写真1枚1枚にタグ付けを行うのは手間がかかります。Photoshop Elements 15では、似ていると判断された写真には類似要素を示した「スマートタグ」が自動的に付けられまとめるようになりました。

複数条件による検索

検索条件を組み合わせることで、目的の写真をすぐに見つけることができます。

MEMO　検索条件を組み合わせる

さまざまな分類を組み合わせて検索できるようになりました。これにより、大量の写真の中から目的に合った1枚をより簡単に見つけることができます。

2 人物の顔立ちも調整できるようになった

表情を微調整してイメージ通りの顔立ちにできます。

MEMO

顔立ちの調整

イメージ通りの表情に撮れなかった写真も、新機能「顔立ちを調整」を使用して口元や目元の角度を調整することで、良い表情の1枚に仕上げることができます。

3 ガイドモードには高度な加工が追加された

「写真テキスト」を使用すると写真から簡単にクリエイティブな文字を作成できます。

MEMO

高度な加工の追加

高度な加工をステップバイステップ形式で解説してくれるガイドモードに、新たに加工が追加されました。「写真テキスト」、「絵画風」、「効果のコラージュ」、「スピード撮影効果」、「フレーム作成」の5つです。

4 タッチ操作にも対応した

タッチ操作に対応しています。

MEMO

タッチ操作への対応

Elements Organizerで行える各機能とElements Editorのクイックモードがタッチ操作に対応しました。整理と検索、簡単な補正もタッチ操作で行うことができます（インストールしたPCがタッチ操作可能なモデルの場合）。

Section 03 知っておきたい画像編集の基礎知識

覚えておきたいキーワード
- ピクセル
- 解像度

Photoshop Elementsで扱う画像データは、小さな点が集まったビットマップ画像という種類のものです。ここではそのしくみを説明しましょう。

1 Photoshop Elementsで扱う画像の種類

ビットマップ画像

小さな四角形（ピクセル）で画像が構成されています。

画像を拡大すると、ピクセルを確認できます。

ベクトル画像

直線や曲線の組み合わせで画像が構成されています。

拡大しても滑らかなままです。

KEYWORD

ビットマップとベクトル

パソコンで扱う画像には、大きく分けてビットマップ（ラスタ）とベクトルの2種類があります。ビットマップは「ピクセル」という小さな四角形で構成され、描写のきめ細やかさや色の再現性に優れており、写真に向いています。ベクトル画像は直線や円などの幾何学データの組み合わせで作られ、拡大しても線が滑らかです。しかし写真のような複雑な画像を再現するのには適せず、イラストや文字などの描画に使われます。Photoshop Elementsで扱うのはビットマップです。

KEYWORD

解像度

「解像度」とは画像を構成しているピクセルの密度のことです。解像度が高いほど画質が精細になる代わり、ファイルサイズが大きくなります。「dpi（dots per inch）」または「ppi（pixels per inch）」という単位で表され、印刷目的には150〜300dpi、Webなど画面表示用の画像には72〜96dpiの解像度が用いられます。

300dpi

72dpi

2 Photoshop Elementsで扱う色の種類

RGBカラー
ピクセルの色は、RGB3色の組み合わせで決まります。

CMYKカラー
ピクセルの色は、CMYK4色の組み合わせで決まります。

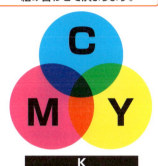

Photoshop Elementsやモニターでは RGBカラーが、プリンターではCMYKカラーが使われます。

RGBカラーとCMYKカラーでは色域（表現可能な色の範囲）が異なる

RGBカラーの色域　　CMYKカラーの色域

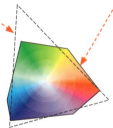

RGBカラーのほうが多くの色を表現できます。プリンターを使って印刷した写真はCMYKカラーの色域になるため、画面で見るよりも色がくすむ傾向があります。

色の三要素による印象の変化

彩度を調整

明度を調整

色相を調整

彩度、明度、色相の「色の三要素」も色に大きな影響を与えます。Photoshop Elementsはこれら三要素を調整することで、写真の印象を変えます。

KEYWORD

RGBとCMYK

色を数値で表す方法の中で代表的なものに、RGBとCMYKがあります。RGBは赤、緑、青の3つの光の明るさで、CMYKはシアン、マゼンタ、イエロー、ブラックの4色を混ぜて色を表現します。RGBはモニターなど発光で色を表現する場合に、CMYKは印刷など吸光（反射）で色を表現する場合に用いられます。デジタルカメラで撮影した写真はRGBで表現されます。RGBとCMYKでは色を表現できる範囲が異なるため、モニターで見た写真と印刷した写真とでは色合いが一致しないことがあります。

KEYWORD

光の三原色

赤（Red）、緑（Green）、青（Blue）の3色を「光の三原色」と呼びます。Photoshop Elementsでは、それぞれの光の明るさを0～255の数値で表し、それらを組み合わせて約1,677万色を表現することができます。Photoshop Elementsでの画像補正は、各ピクセルのRGBの値を変えることで実現します。ピクセルのRGB値を大きくすれば明るい画像になり、小さくすれば暗い画像になります。

KEYWORD

色の三要素

色には、色の鮮やかさを表す「彩度」（P.110参照）、明るさを表す「明度」、色みを示す「色相」が影響します。これらを「色の三要素」といいます。

Section 04

Photoshop Elementsのインストール

覚えておきたいキーワード
インストール
シリアル番号

Photoshop Elementsを購入する前に、自分のパソコンで動作するか利用条件を確認しましょう。購入したらパソコンへのインストールを行います。

1 Photoshop Elementsを利用するための条件

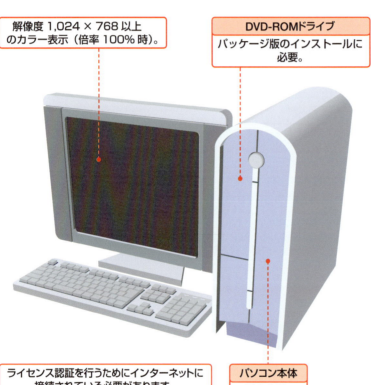

解像度1,024×768以上のカラー表示（倍率100%時）。

DVD-ROMドライブ
パッケージ版のインストールに必要。

ライセンス認証を行うためにインターネットに接続されている必要があります。

パソコン本体
下表参照。

MEMO

Photoshop Elements 15の利用に必要なもの

Photoshop Elements 15を利用するには、左図の条件を満たしたパソコンにPhotoshop Elementsをインストールします。パッケージ版をインストールする場合はDVD-ROMドライブが必要ですが、アドビストアからダウンロード版を購入した場合は不要です（http://www.adobe.com/jp/products/photoshop-elements.html）。
Windows版、OS X版それぞれのDVD-ROMが1枚ずつ収録されています。

Photoshop Elements 15の動作に必要な条件

	Windows	Mac OS X
OS	Windows 10／8.1／8／7(SP1)	Mac OS X 10.10 または 10.11
CPU	SSE2をサポートする1.6GHz以上のプロセッサー	インテルマルチコアプロセッサー（64-bit対応必須）
メモリ	4GB以上	4GB以上
ハードディスクの空き	5GB以上（インストール時はさらに追加の空き容量が必要）	
その他	Microsoft DirectX 9または10互換のディスプレイドライバー	DVD-ROMドライブがない場合はパッケージ版の利用には用意が必要

HINT

体験版の利用

Photoshop Elementsが動作するか不安がある場合は、体験版をインストールして動作確認することをおすすめします。体験版は製品版と同じ機能をもち、30日間だけ利用できます（App 01参照）。

2 Windows版Photoshop Elementsのインストール準備

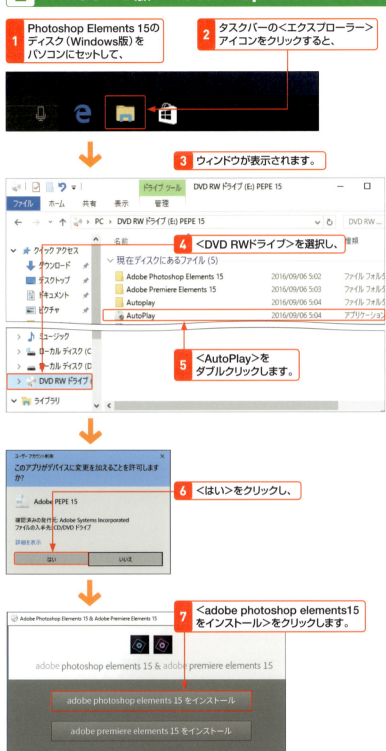

自動再生が表示される

パソコンにPhotoshop Elements 15のディスクをセットすると、下図の画面が表示されることがあります。ここで画面の表示に従って手順を進めると、手順6の画面が表示されます。

1 メッセージをクリックして、

2 <AutoPlay.exeの実行>をクリックします。

画面表示が異なる

ここではPhotoshop Elements単体の製品を使用していますが、Premiere Elementsが同梱された製品を購入した場合は手順7の画面は異なります。

インストーラーが初期化される

手順7の操作の後、下図の画面が表示され、インストーラーが初期化されます。

3 Windows版をインストールする

1 <インストール>を クリックして、

2 <サインイン>をクリックし、

3 <Adobe IDを取得>を クリックします（MEMO参照）。

4 新規登録に必要な情報を入力して、

5 <ADOBE IDを取得>をクリックすると、Adobe IDが作成され、続きの画面が表示されます。

HINT

インストールに必要なものは？

Photoshop Elements 15をはじめて起動する際にAdobe IDを使ったサインインが必要になります。Adobe IDは、アドビシステムズの各種サービスを受けるために登録するメールアドレスとパスワードの組み合わせで、インストール中に新規登録することもできます。サインインとは、Adobe IDを使ってサービスを利用開始することです。

MEMO

Adobe IDの作成

手順3の画面で<Adobe IDを取得>をクリックするとAdobe IDの新規登録ができます。新規登録の際には、メールアドレスと任意のパスワード、氏名の入力が必要です。登録したメールアドレスとパスワードはPhotoshop Elements 15の再インストールや、アドビシステムズの各種サービスを受ける際に必要になるので、忘れないようにしましょう。

HINT

Adobe IDを すでにもっている場合

Adobe IDをもっている場合は、手順3の画面でAdobe IDのメールアドレスとパスワードを入力して<ログイン>をクリックします。

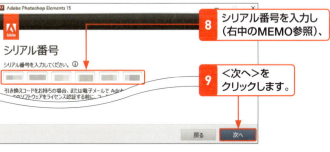

MEMO

使用契約書の確認

手順⑥の画面には、Photoshop Elements 15の使用許諾契約書が掲載されています。内容を読み、内容に同意できたら＜同意する＞をクリックして、手順を進めます。

MEMO

シリアル番号の入力

手順⑧ではPhotoshop Elements 15のシリアル番号をすべて半角で入力します。シリアル番号は、DVD-ROMのケースに記載されています。-（ハイフン）を入力する必要はありません。

HINT

インストールには時間がかかる

インストールが完了するまでには、十数分ほどかかります。インストールが完了すると、手順の画面が表示されます。

4 OS X版をインストールする

1 ディスクをMacにセットすると、　**2** <Photoshop Elements 15>ウインドウが表示されます。

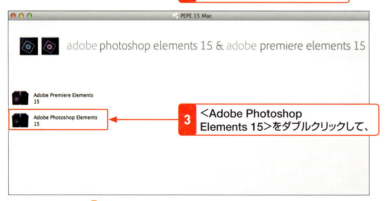

3 <Adobe Photoshop Elements 15>をダブルクリックして、

4 <Install.app>をダブルクリックし、

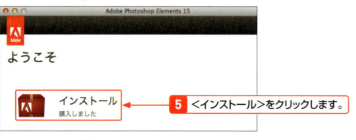

5 <インストール>をクリックします。

6 <サインイン>をクリックして、

HINT

Mac OS X版のインストール

Mac OS X（以後OS X）版Photoshop Elements 15をインストールするには、パッケージに含まれるMac版のディスクをセットして、左の手順に従って操作します。なお、ここではPhotshop Elements単体の製品を使用していますが、Premiere Elementsが同梱された製品を購入した場合は手順3の画面は異なります。

MEMO

インストーラーが初期化される

手順4の操作の後、下図の画面が表示され、インストーラーが初期化されます。

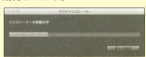

HINT

インストールに必要なものは?

Photoshop Elements 15のインストールの途中で、Adobe IDを使ったサインインが必要になります。Adobe IDは、アドビシステムズの各種サービスを受けるために登録するメールアドレスとパスワードの組み合わせで、インストール中に新規登録できます。サインインとは、Adobe IDを使ってサービスを利用開始することです。
また、シリアル番号を入力する必要もあります。シリアル番号は、ディスクのケースに記載された24桁の数字の組み合わせです。

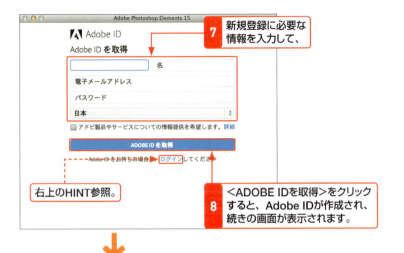

7 新規登録に必要な情報を入力して、

8 ＜ADOBE IDを取得＞をクリックすると、Adobe IDが作成され、続きの画面が表示されます。

右上のHINT参照。

HINT

Adobe IDをすでにもっている場合

Adobe IDをもっている場合は、手順**7**の画面でAdobe IDのメールアドレスとパスワードを入力して＜ログイン＞をクリックします。

9 使用許諾契約書を確認して、

10 ＜同意する＞をクリックします。

MEMO

使用許諾契約書の確認

手順**9**の画面では、Photoshop Elements 15の使用許諾契約書が表示されます。内容を確認して、同意できたら、＜同意する＞をクリックして手順を進めます。

11 シリアル番号を入力して、

12 ＜次へ＞をクリックします。

13 ＜インストール＞をクリックします。

MEMO

管理者パスワードの入力

Macではソフトのインストールの際に管理者ユーザーのパスワードの入力を求められます。手順**13**の画面に続けて表示される下図で管理者パスワードを入力して＜OK＞をクリックすると、インストールが開始されます。

Section 05

Photoshop Elementsの基本操作

覚えておきたいキーワード
スタートアップスクリーン
ソフトの切り替え

Photoshop Elementsは、写真をデジタルカメラから取り込んで整理・管理するソフトと、写真を補正したり、加工したりするソフトの2つで構成されており、スムーズに切り替えることができます。

1 最初に起動するソフトを選ぶ

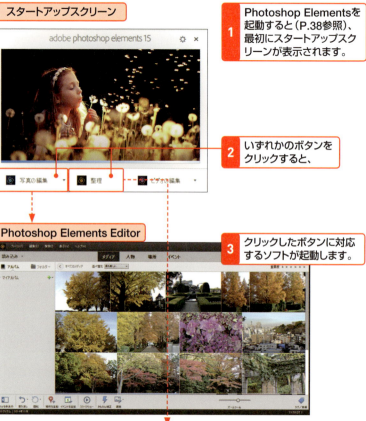

スタートアップスクリーン

1 Photoshop Elementsを起動すると（P.38参照）、最初にスタートアップスクリーンが表示されます。

2 いずれかのボタンをクリックすると、

Photoshop Elements Editor

3 クリックしたボタンに対応するソフトが起動します。

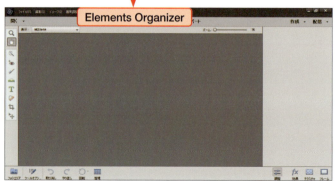

Elements Organizer

KEYWORD

スタートアップスクリーン

スタートアップスクリーンは、利用するソフトを選択するための画面です。＜整理＞をクリックすると、写真を整理・管理するためのソフトが、＜写真の編集＞をクリックすると、写真を補正・加工するためのソフトがそれぞれ起動します。なお、＜ビデオの編集＞をクリックすると、ビデオ編集ソフト「Premire Elements 15」が起動します（Premire Elements購入済みの場合のみ）。
スタートアップスクリーンは、P.38の手順でPhotoshop Elementsを起動しようとするときに表示されます。

KEYWORD

OrganizerとEditor

Photoshop Elementsは、写真を整理・管理するための「Elements Organizer」と、補正・加工するための「Photoshop Elements Editor」という2つのソフトで構成され、それぞれを用途に応じて切り替えて使います。なお、本書では「Photoshop Elements Editor」を、以降「Elements Editor」と表記します。

2 2つのソフトを切り替えて使う

1 Elements Organizerで写真を選択して、

2 <編集>をクリックすると、

3 Elements Editorで写真が開きます（MEMO参照）。

4 <整理>をクリックすると、

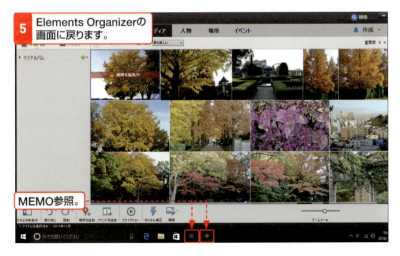

5 Elements Organizerの画面に戻ります。

MEMO参照。

MEMO

2つのソフトの切り替え

Elements OrganizerとElements Editorは、左の手順に従って切り替えることができます。両方のソフトが起動している状態では、Windowsのタスクバーのアイコンをクリックしてソフトを切り替えることもできます。なお、RAWファイルの場合はCamera Rawが起動します（P.244参照）。

HINT

スタートアップスクリーンを再表示する

いずれかのソフトが起動中にもう一方のソフトを起動したい場合は、スタートアップスクリーンを表示しても便利です。スタートアップスクリーンから、P.36と同様の手順でもう一方のソフトを起動できます。スタートアップスクリーンを表示する場合には、Elements OrganizerとElements Editor共通の操作で、<ヘルプ>メニューから<スタートアップスクリーン>をクリックします。

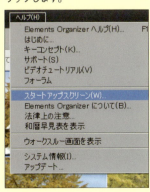

Section 06 Photoshop Elementsの起動と終了

覚えておきたいキーワード
Elements Organizer
写真の取り込み

Photoshop Elementsを起動して、スタートアップスクリーンから目的に応じてソフトウェアを使い分けます。作業が済んだら、終了させます。

1 Windows版を起動する

1. ⊞をクリックします。

2. 「最近追加されたもの」から＜Adobe Photoshop Elements15＞をクリックすると、

3. スタートアップスクリーンが表示されます。

4. ＜整理＞をクリックします。
右下のMEMO参照。

MEMO

アプリの起動

左の手順のほか、デスクトップに作成された＜Adobe Photoshop Elements 15＞のアイコンをダブルクリックしても、スタートアップスクリーンを表示できます。

HINT

Windows 8.1／8／7の場合

Windows 8.1／8の場合は、スタート画面を表示して＜Adobe Photoshop Elements 15＞のタイルをクリックすると、デスクトップ表示に切り替わりスタートアップスクリーンが表示されます。Windows 7の場合は、スタートボタンをクリックしてスタートメニューを表示し、＜すべてのプログラム＞をクリックします。＜Adobe Photoshop Elements 15＞という項目を探し、それをクリックすると起動することができます。

MEMO

Elements Editorの起動

手順4の画面で＜写真の編集＞をクリックするとElements Editorが起動します（P.37参照）。

5 Elements Organizerの初回起動時は写真の追加画面が表示されます。

6 ＜無視＞をクリックすると、

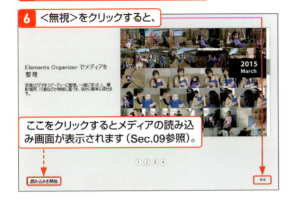

ここをクリックするとメディアの読み込み画面が表示されます（Sec.09参照）。

MEMO

「整理」と「編集」

Photoshop Elementsの起動時に表示されるスタートアップスクリーンには、＜写真の編集＞と＜整理＞と＜ビデオの編集＞の3つのボタンが表示されます。＜整理＞をクリックすると、写真の管理を行うElements Organizerが起動します。また、＜写真の編集＞をクリックすると、写真の編集を行うElements Editorが起動します。なお、＜ビデオの編集＞をクリックすると、ビデオ編集ソフト「Premire Elements 15」が起動します（Premire Elements 購入済みの場合のみ）。

7 Elements Organizerが起動します。

2 Windows版を終了する

ここではElements Organizerを終了させます。

1 ここをクリックすると、ソフトが終了します。

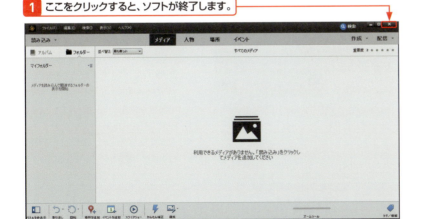

MEMO

ソフトの終了

Elements Organizerを終了するには、画面右上の閉じるボタン をクリックするか、＜ファイル＞メニュー→＜終了＞の順にクリックします。これはElements Editorの場合も同様です。

3 OS X版を起動する

Elements Organizerを直接起動します。

1 <Launchpad>をクリックし、

2 <Adobe Ele…Organizer>をクリックします。

右中MEMO参照。

3 Elements Organizerが起動します。

MEMO
Launchpadからの起動

OS Xでは、Launchpadと呼ばれる画面からソフトを起動します。DockからLaunchpadを表示し、左右にスクロールしてElements Organizerのアイコンを探してクリックします。

MEMO
スタートアップスクリーンからの起動

手順2でPhotoshop Elementsのアイコンをクリックすると、最初にスタートアップスクリーン(Sec.05参照)が表示されます。

HINT
起動後の操作はWindows版と共通

起動後の操作は、Windows版とほとんど変わりません。なお、一部のOS Xで右クリックが使えない場合は、二本指タップで代用してください。

4 OS X版を終了する

1 <Elements Organizer>→<Elements Organizerを終了>の順にクリックすると、

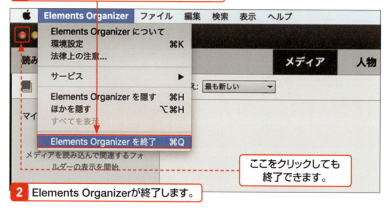

ここをクリックしても終了できます。

2 Elements Organizerが終了します。

MEMO
OS Xでのソフト終了

左の手順ではElements Organizerを終了しています。Photoshop Elementsでは、<Photoshop Elements Editor>メニューから<Photoshop Elements Editorを終了>をクリックするか、画面左上の閉じるボタンをクリックします。

第2章
写真を取り込んで整理しよう

Section	
07	Elements Organizerで写真を整理しよう
08	Elements Organizerの画面構成
09	パソコンの写真を一括で取り込もう
10	ファイルやフォルダーを指定して取り込もう
11	デジタルカメラの写真を取り込もう
12	Elements Organizerで写真を閲覧しよう
13	写真をフォルダーごとに表示しよう
14	写真を画面全体に表示しよう
15	写真を2枚並べて表示しよう
16	似ている写真をまとめよう
17	撮影年や月ごとに写真を整理しよう
18	人物ごとに写真を分類しよう
19	アルバムを作成しよう
20	イベントごとに写真をまとめよう
21	タグで写真を分類しよう
22	写真に重要度を設定しよう
23	色々な情報を使って写真を検索しよう

Section 07 Elements Organizerで写真を整理しよう

覚えておきたいキーワード
- 整理
- 分類

Elements Organizerでは、パソコンに取り込まれた大量の写真をまとめて管理し、日付ごとに表示したり、タグを付けて分類したり似た写真をまとめて表示できたりと、写真を便利に整理、閲覧できます。

1 Elements Organizerは写真管理ソフト

保存されている大量の写真を、フォルダーごとに見やすく一括管理できます。

2 写真を取り込んで整理しよう

全画面表示で、写真のすみずみまで確認できます。

写真を2枚並べて細部まで比較することができます。

MEMO

パソコン中の写真をまとめて管理できる

パソコン内に写真をたくさん取り込むと、ファイルやフォルダーが増えて確認や整理がしにくくなりますが、Elements Organizerでは、パソコンに保存されている写真を見やすく一括管理できます。

大量のデータの中では、どこに何があるのかわからなくなってしまいます。

2 写真をさまざまな方法で分類できる

日付やイベントごとにまとめる

カレンダー形式で、撮影した日付ごとに写真を表示できます。

タグによる絞り込み

タグを付けると、キーワードで写真をすばやく表示できます。

重要度による絞り込み

重要度を設定し、その段階別に写真を表示できます。

さまざまな検索オプション

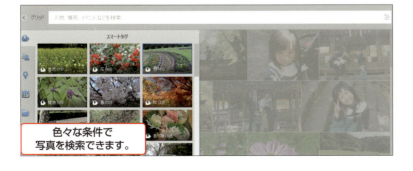

色々な条件で写真を検索できます。

KEYWORD

Elements Organizer

Elements Organizerでは、大量の写真をさまざまな方法で分類することができます。似ている写真はまとめたり（Sec.16参照）、撮影期間ごと（Sec.17参照）など日時での管理はもちろん、人物（Sec.18参照）やイベント（Sec.20参照）ごとに管理したり、タグ（Sec.21参照）や重要度（Sec.22参照）を設定して管理することもできます。これらのさまざまな設定から写真を探し出す、強力な検索機能も備えています（Sec.23参照）。

HINT

4種類のビューの利用

Elements Organizerでは、画面上部のビュータブをクリックしてビュー（写真の表示方法）を切り替えることができます。左で紹介している以外にも、写真に写っている人物ごとに写真を分類して表示する人物ビューや、撮影場所の情報をもとに写真を分類して表示する場所ビューがあります（Sec.08参照）。

HINT

写真の管理以外にも

Elements Organizerは、プリンターの利用（第8章参照）や、フォトコラージュの作成機能（Sec.99参照）やスライドショー作成機能（Sec.100参照）など、管理以外にも写真を楽しむ機能がたくさん搭載されています。

Section 08 Elements Organizerの画面構成

覚えておきたいキーワード
ビューの切り替え
場所を表示

Elements Organizerには、写真を管理したり検索したりする、整理のためのさまざまな機能が用意されています。操作方法を知る前に、画面各部の名称を覚えておきましょう。

1 Elements Organizerの各部名称

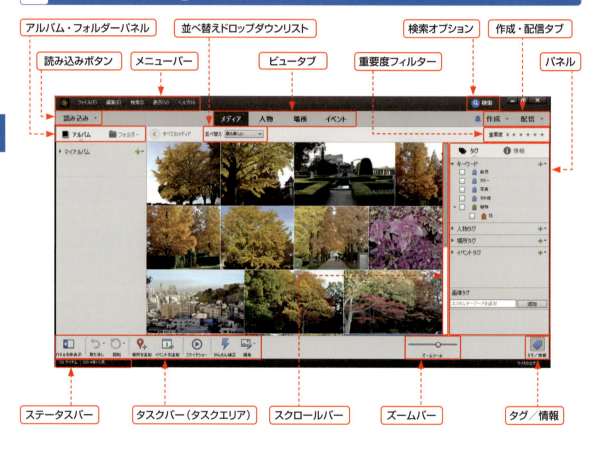

2 写真を取り込んで整理しよう

主な項目名	解説
メニューバー	Elements Organizerの機能を「メニュー」として分類し、まとめたものです。
検索オプション	さまざまな条件から検索できる検索画面に切り替わります。
アルバム・フォルダーパネル	アルバム、フォルダーの一覧を表示します。パネルの切り替えはタブで行います。
ビュータブ	写真を表示するビューの種類を切り替えます。
作成・配信タブ	フォトブックなどの作成、SNSへのアップロード、メールでの送信などを行います。
パネル	タグパネル、情報パネル、かんたん補正パネルなどを表示します。
タスクバー（タスクエリア）	主に写真に対する操作を行うボタンが集められています。
ズームバー	写真のサムネール（縮小イメージ）を拡大・縮小します。
タグ／情報	パネルの表示・非表示を切り替えます。
ステータスバー	取り込んだ写真に関するさまざまな情報が表示されます。

2 ビューを切り替える

人物ビュー

人物タブをクリックすると、人物ごとに表示します。

場所ビュー

場所タブをクリックすると、撮影場所ごとに表示します。

イベントビュー

イベントタブをクリックすると、日時やできごと別に表示します。

HINT

ビューの切り替え

ビューは、写真の表示方法のことです。画面上部のビュータブをクリックして、メディア、人物、場所、イベントの4つのビューを切り替えます。

①メディアビュー
　Elements Organizerに取り込まれた写真を表示します。タグや重要度など写真に情報を追加したり、アルバムの作成はこのビューで行います。

②人物ビュー
　写真に写っている人物ごとに写真を分類して表示します。人物による分類が必要です（Sec.18参照）。

③場所ビュー
　撮影場所ごとに写真を分類して表示します。写真の位置情報をもとに撮影場所を表示します。

④イベントビュー
　日時やできごと別に分類して写真を表示します。イベントによる分類が必要です（Sec.20参照）。

MEMO

パネルの表示

画面右下のパネル表示ボタンをクリックすると、パネルの表示／非表示を切り替えることができます。利用可能なパネルはビューの種類によって異なります。タグ／情報パネルの利用方法については、Sec.21を参照してください。

Section 09 パソコンの写真を一括で取り込もう

覚えておきたいキーワード
- 一括
- メディアの読み込み画面

パソコンにすでに保存してある写真も、Elements Organizerに取り込めば一括して管理できるようになります。メディアの読み込み画面を使用すると、大量の写真を一度に取り込むことができます。

1 取り込む写真を選択する

1 <読み込み>→<一括>の順にクリックすると、

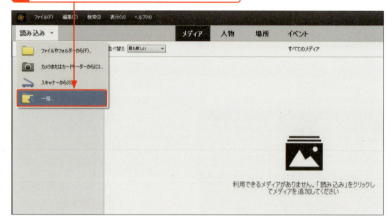

MEMO

Elements Organizerに写真を取り込む方法の種類

ここでは一括で写真を取り込む方法を紹介します。Elements Organizerに写真を取り込む方法は、他に、ファイルやフォルダーを指定して取り込む方法（Sec.10参照）、デジタルカメラから直接取り込む方法（Sec.11参照）があります。

2 メディアの読み込み画面が表示されます。

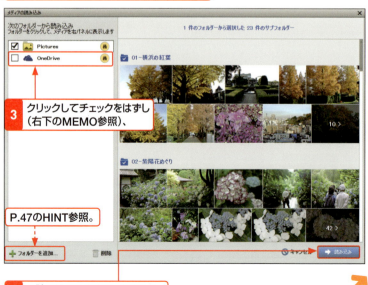

3 クリックしてチェックをはずし（右下のMEMO参照）、

P.47のHINT参照。

4 <読み込み>をクリックすると、

HINT

取り込む写真の確認

取り込む写真は、読み込み画面の右側で確認できます。

MEMO

OneDriveからの読み込み

初期設定では読み込み元にOneDriveも指定されています。ここでは読み込み元を「Pictures」（パソコンの「ピクチャ」フォルダー）のみにしたいので、OneDriveのチェックをはずします。

5 読み込みが開始され、

読み込みを中止したい場合は、ここをクリックします。

MEMO
時間がかかることもある
フォルダー内に動画など容量の大きなデータが入っている場合や、大量の写真を一度に指定した場合は、読み込みに時間がかかることがあります。

6 読み込まれた写真が表示されます。

MEMO
読み込みの表示
P.46の手順**1**の画面や読み込みの表示は、使っているOSやインストールしているソフトによって異なります。

HINT

読み込み元のフォルダーを追加する

初期設定では読み込み元は「Pictures」とOneDriveになっています。追加したい場合は、手順**3**の画面で＜フォルダーを追加＞をクリックし、出てくる＜フォルダーの参照＞画面で目的のフォルダーを指定します。＜削除＞をクリックすると、読み込み元フォルダーの一覧から削除できます。

1 追加したいフォルダーを指定すると、

2 読み込み元のフォルダーとして追加されます。

フォルダーを削除できます。

09 パソコンの写真を一括で取り込もう

2 写真を取り込んで整理しよう

47

Section 10 ファイルやフォルダーを指定して取り込もう

覚えておきたいキーワード
- イメージキャプチャ
- 写真の取り込み

写真をElements Organizerに取り込むには、一括だけでなく、フォルダー単位やファイル単位で指定して取り込めます。

1 取り込む写真を選択する

1. <読み込み>→<ファイルやフォルダーから>の順にクリックして、

2. 取り込む写真の保存場所を選択し、
3. 取り込むフォルダーを選択します。

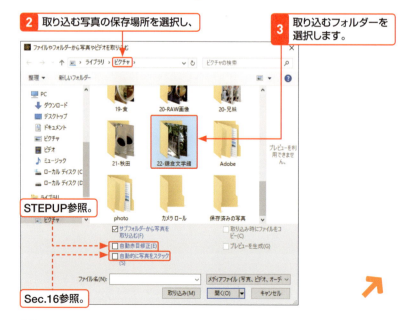

MEMO

Photoshop Elementsで取り込める画像の主な形式

取り込むことができるファイル形式のうち主なものは、次の通りです。
① Photoshop形式（*.PSD）
② JPEG形式（*.JPG）
③ PNG形式（*.PNG）
④ GIF形式（*.GIF）
⑤ RAW形式

このうち、①〜③の形式の詳細については、P.121のMEMOを参照してください。

KEYWORD

RAW形式

デジタルカメラの内部で写真データを記憶するために使われるファイル形式のことです。本書では第7章で取り扱っています。

STEPUP

自動赤目修正を行う

手順2の画面で<自動赤目修正>をクリックしてオン☑にすると、写真を取り込む際に自動的に赤目の検出・修正が行われます。赤目についてはSec.44を参照してください。

2 選択したフォルダーを取り込む

1 <取り込み>をクリックすると、

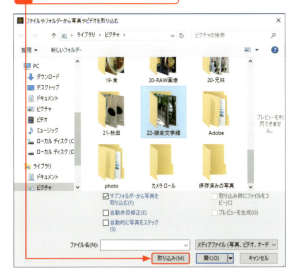

2 取り込みが開始され、

取り込みを中止したい場合は、ここをクリックします。

3 取り込まれた写真が表示されます。

HINT参照。

MEMO

写真を移動させると…
Elements Organizerに取り込んでから、画像ファイルの保存先を変えたり削除したりすると、サムネールにマークが表示されます。ファイルが見付からないことを意味し、このままでは編集は行えません。サムネールをダブルクリックして新しい保存先を参照させる、元の保存先にファイルを戻すことでこの状態を修復できます。

STEPUP

USBメモリーやCDから取り込む
USBメモリーやCDから取り込むには、P.48手順**2**の画面で選択先を変更します。

HINT

すべての写真を表示するには？
新しく写真を取り込むと、Elements Organizerには、そのとき取り込んだ写真だけが表示されます。すべての写真を表示するには、手順**3**の画面で<戻る>をクリックします。

3 OS Xで写真を取り込む

1 <読み込み>→<ファイルやフォルダーから>の順にクリックして、

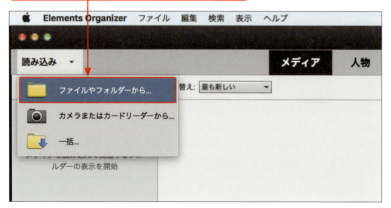

↓

2 取り込む写真の保存場所を選択し、

3 取り込むフォルダーを選択します。

4 <取り込み>をクリックすると、

Sec.16参照。

STEPUP参照。

↓

5 取り込みが開始され、

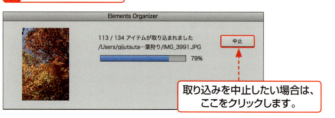

取り込みを中止したい場合は、ここをクリックします。

MEMO

Photoshop Elementsで取り込める画像の主な形式

取り込むことができる主なファイル形式は、次の通りです。
①Photoshop形式（*.PSD）
②JPEG形式（*.JPG）
③PNG形式（*.PNG）
④GIF形式（*.GIF）
⑤RAW形式
このうち、保存もできる①〜③の形式の詳細については、P.121のMEMOを参照してください。

KEYWORD

RAW形式

デジタルカメラの内部で写真データを記憶するために使われるファイル形式のことです。本書では第7章で取り扱っています。

STEPUP

自動赤目修正を行う

手順2の画面で<自動赤目修正>をクリックしてオンにすると、写真を取り込む際に自動的に赤目の検出・修正が行われます。赤目についてはSec.44を参照してください。

MEMO

読み込みの表示

P.50の手順1の画面や読み込みの表示は、使っているOSやインストールしているソフトによって異なります。

写真を取り込んで整理しよう

取り込まれた写真が表示されます。

すべての写真を表示するには?

新しく写真を取り込むと、Elements Organizerには、そのとき取り込んだ写真だけが表示されます。すべての写真を表示するには、手順6の画面で<戻る>をクリックします。

USBメモリーやCDから取り込む

USBメモリーやCDから取り込むには、手順2の画面で選択先を変更します。

10 ファイルやフォルダーを指定して取り込もう

2 写真を取り込んで整理しよう

MEMO

Photoshop Elementsが起動するようにするには?

OS Xではデジタルカメラを接続したときに最初にPhotoshop Elementsが起動するように変更できます。変更するにはまず、OS Xに標準で付属している「イメージキャプチャ」アプリを起動します。続けてデジタルカメラをOS Xに接続し、右の手順に従います。

1 「このカメラを接続時に開くアプリケーション」の項目をクリックし、

2 <その他>をクリックしてPhotoshop Elementsを選択します。

51

Section 11 デジタルカメラの写真を取り込もう

覚えておきたいキーワード
デジタルカメラ
フォトダウンローダ

デジタルカメラで撮影した写真をElements Organizerに取り込みましょう。取り込み時に表示される＜フォトダウンローダ＞ダイアログボックスで取り込み先のフォルダーを選ぶことができます。

1 ＜フォトダウンローダ＞ダイアログボックスを表示する

パソコンにUSB経由でカメラを接続し、Elements Organizerを起動しています（Sec.06参照）。

1 ＜読み込み＞→＜カメラまたはカードリーダーから＞の順にクリックすると、

2 ＜フォトダウンローダ＞ダイアログボックスが表示されます。

3 「写真の取り込み元」にデジタルカメラを指定すると、

4 ここにデジタルカメラに保存されている写真が表示されます。

HINT

メッセージが表示される

デジタルカメラをパソコンに接続すると、デスクトップ画面右下に下図のようなメッセージが表示されることがあります。ここから写真を取り込むこともできますが、ここではElements Organizerを起動して、写真を取り込む方法を解説します。

MEMO

Windows 8.1／8／7の場合

Windows 8.1／8／7の場合は、デジタルカメラを接続すると表示されるメッセージをクリックして、＜整理と編集＞をクリックします。手順2と同等の画面が表示されるので、それ以降の操作は同じです。

2 保存先を指定して写真を取り込む

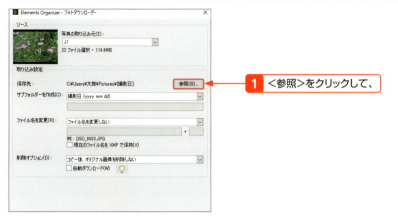

 <参照>をクリックして、

2 写真の保存先を選択し、

3 <フォルダーの選択>をクリックします。

4 このボタンをクリックし、

5 <カスタム名>を選択します。

MEMO

写真の保存先の変更

初期設定では、<ピクチャ>フォルダーの中に撮影日ごとにサブフォルダーが作成され、その中に撮影日ごとにそれぞれ写真が保存されます。写真の保存先フォルダーを変更したい場合は、手順1の画面で<参照>をクリックして、写真の保存先を指定します。サブフォルダーについては<サブフォルダーを作成>から変更します。

HINT

サブフォルダーの作成

初期設定では、手順2で指定したフォルダーの中に写真を撮影した日付のサブフォルダーが作成されます。サブフォルダー名を自分で指定したい場合は、手順5のように<カスタム名>を選択して、フォルダー名を入力します。
なお、サブフォルダーを作成しない場合は<なし>を選択します。

6 フォルダー名を入力して、

右上のMEMO参照。

7 ＜取り込み＞をクリックすると、

取り込み後の
デジタルカメラの写真

デジタルカメラの写真をパソコンに保存した後、初期設定では、デジタルカメラ側の写真は削除されず、そのまま残ります。
取り込んだ後にデジタルカメラ側の写真を削除するには、左図の＜削除オプション＞の一覧で＜コピー後、オリジナル画像を削除＞または＜コピー後、確認してオリジナル画像を削除＞を選択します。

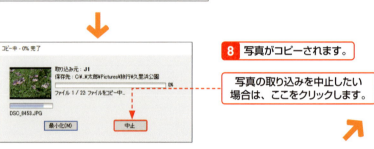

8 写真がコピーされます。

写真の取り込みを中止したい場合は、ここをクリックします。

MEMO

取り込み時に写真の
ファイル名を変更する

デジタルカメラの写真をパソコンに取り込む際に、ファイル名を変更することができます。＜フォトダウンローダ＞ダイアログボックスの＜ファイル名を変更＞の▼をクリックして、新しいファイル名の形式を選択すると、選択した形式にファイル名が変更され、写真を取り込むことができます。ファイルを区別するためにファイル名の末尾に「_0001」のように、「_（アンダーバー）」と4桁の連番が付けられます。

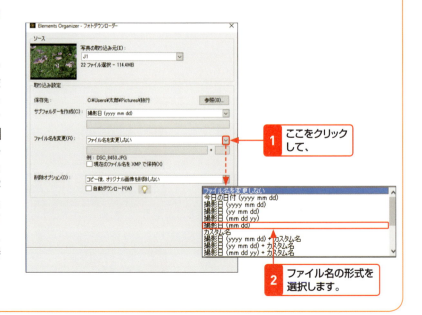

1 ここをクリックして、

2 ファイル名の形式を選択します。

9 Elements Organizerに取り込まれます。

10 取り込まれた写真が表示されます。

MEMO参照。

MEMO

取り込んだ写真だけが表示される

取り込みが完了した直後は、そのとき取り込んだ写真のみがElements Organizerに表示された状態になっています。手順10の画面で＜戻る＞をクリックすると、すべての写真が表示されます。

STEPUP

取り込む際の詳細な設定を行う

Elements Organizerの＜編集＞メニュー→＜環境設定＞→＜カメラまたはリーダー＞をクリックすると、＜環境設定＞ダイアログが開き、写真を取り込む際の詳細な設定が行えるようになります。
＜自動赤目修正＞をオン☑にして写真の赤目を修正したり、＜自動的に写真をスタック＞をオン☑にして写真をスタック（Sec.16参照）にしたりすることもできます。

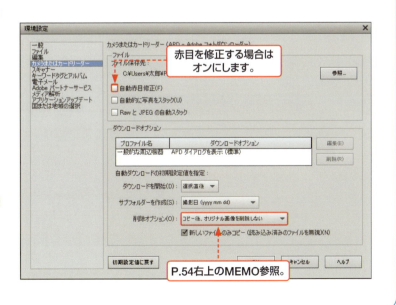

赤目を修正する場合はオンにします。

P.54右上のMEMO参照。

Section 12 Elements Organizerで写真を閲覧しよう

覚えておきたいキーワード
写真の回転
写真の削除

Elements Organizerでは取り込んだ写真のサムネール（縮小画像）が一覧表示され、見比べながら目的の写真を探すことができます。ここでは写真を見るための基本操作を解説します。

1 サムネールの表示サイズを変更する

1 スライダーを右側にドラッグすると、

2 サムネールのサイズが大きくなりました。

MEMO参照。

表示を切り替える

[Ctrl]（OS Xでは[command]）を押しながら[D]を押すと、表示を切り替えることができます。

切り替え後の表示では、写真の情報がサムネールと一緒に表示されます。表示を元に戻すには、再び[Ctrl]＋[D]（OS Xでは[command]＋[D]）を押します。

MEMO
サムネールの表示サイズの変更

サムネール（縮小画像）を大きくするとより写真のディテールが見やすくなり、小さくするとより多くの写真を一覧できるようになります。
サムネールの表示サイズは、画面下部のスライダー（ズームツール）をドラッグして変更することができます。スライダーを左にドラッグすると小さく、右にドラッグすると大きく表示されます。

2　1枚の写真だけを拡大表示する

1　拡大して表示したい写真のサムネールをダブルクリックすると、

2　写真が拡大して表示されます。

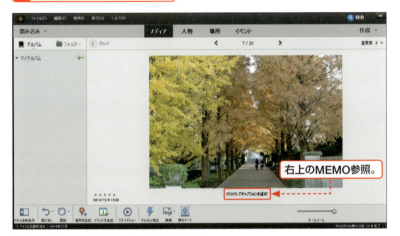

右上のMEMO参照。

3　キーボードの↓を または→を押すと、

4　次の写真が表示されます。

右下のMEMO参照。

5　写真をダブルクリックすると、サムネールの表示に戻ります。

ここをクリックしても、サムネールの表示に戻ることができます。

MEMO
キャプションを追加する

写真を拡大表示しているときに、写真下にある＜クリックしてキャプションを追加＞をクリックすると、写真の説明文（キャプション）や名前を入力することができます。

HINT
顔認識機能

人物の写真を拡大して表示して顔のあたりにマウスカーソルをかざすと、顔が認識されて、クリックで名前を追加できます。人物ビュー（Sec.18参照）でこの情報を利用できます。

MEMO
ほかの写真を表示する

写真を拡大表示しているときに、↓または→を押すと次の写真が、↑または←を押すと前の写真が表示されます。また、写真の上に表示されているボタン＜＞や、スクロールバーの上下にあるボタン▲▼をクリックしても、前後の写真を表示できます。

3 写真を回転する

1 回転させたい写真をクリックして選択します。

2 ＜回転＞の▼を
クリックして、

3 ＜右に回転＞を
クリックすると、

4 写真が時計回りに90度回転し
ます（右下のMEMO参照）。

MEMO

写真の回転

＜右に回転＞ か＜左に回転＞
をクリックすると、写真を時計回
りまたは反時計回りに90度回転
させることができます。最初は＜
左に回転＞ しか表示されてい
ないので、▼をクリックして＜右
に回転＞ を表示します。
また、複数の写真を選択した状態
でボタンをクリックすると、まと
めて回転させることができます。

HINT

**PNG形式の写真を
回転すると**

JPEG形式の写真はそのまま回転
しますが、PNG形式の場合は写
真のコピーが作られ、それが回転
します。また、回転前と回転後の
写真はバージョンセット（P.120
参照）にまとめられます。

MEMO

回転後の写真の表示

Elements Organizerは写真を敷
きつめた割り付けグリッド表示の
ため、回転後の写真のサムネール
は回転前よりも小さく表示されて
います。写真の高さと幅の比率に
よっては大きくなることもありま
す。実際のサイズは変わりません。

4 写真を削除する

 目的の写真を選択し、  Delete (OS Xでは delete) を押して、

MEMO参照。

3 ＜OK＞をクリックすると、

4 写真が削除されます。

MEMO

写真の削除

写真を選択して Delete (OS Xでは delete) を押すと、「カタログからの削除確認」が表示されます。ここで＜OK＞をクリックすると、Elements Organizerからその写真が取り除かれます。パソコン内に写真のファイルそのものは残されるので、後から再読み込みすることもできます。

パソコン内からも削除する場合は、手順3の画面で＜ハードディスクからも選択したアイテムを削除＞をオンにします。Elements Organizerを使わずにファイルを削除した場合、サムネールが残りますが、編集できなくなるので注意しましょう（P.49のMEMO参照）。

STEPUP

一部の写真を非表示にする

たまにしか見ない写真を普段は表示したくないときは、削除ではなく非表示を使います。表示したくない写真を右クリックして＜表示／非表示＞→＜表示しない＞の順にクリックします。初期設定では非表示に設定した写真を隠す設定となっているため、その写真はElements Organizerの画面に表示されなくなります。

非表示は削除とは違い、必要になればすぐ再表示できます。非表示にした写真を再び表示したい場合は、表示されているいずれかの写真を右クリックして＜表示／非表示＞→＜すべてのファイルを表示＞の順にクリックします。

非表示に設定した写真には、アイコンが表示されます。

非表示の設定を解除します。

非表示に設定した写真を非表示にします。

すべての写真を表示します。

非表示に設定した写真だけを表示します。

Section 13 写真をフォルダーごとに表示しよう

覚えておきたいキーワード
- マイフォルダー
- ツリーとして表示

Elements Organizerでは、アルバム表示とフォルダー表示の2つの表示に切り替えることができます。また、実際のフォルダー階層を表示することも可能です。

1 マイフォルダーパネルに切り替える

1 <フォルダー>をクリックすると、

2 マイフォルダーパネルに切り替わります。

3 目的のフォルダーをクリックすると、

4 選択したフォルダー内の写真が表示されます。

HINT参照。

KEYWORD

マイフォルダー

Elements Organizerに取り込んだ写真は保存されているフォルダーごとに分類して表示できます。<フォルダー>タブをクリックすると、アルバムパネルがマイフォルダーパネル（フォルダーパネル）に切り替わります。マイフォルダーパネルのフォルダーをクリックすると、そのフォルダー内に保存されている写真だけを表示できます。あくまでもフォルダー別に写真を表示できるだけで、フォルダーの階層構造は維持されません。

HINT

すべての写真を表示する

<すべてのメディア>をクリックすると、Elements Organizer内のすべての写真がまとめて表示されます。

2 実際のフォルダー階層を表示する

1 をクリックして、

2 <ツリーとして表示>をクリックすると、

3 パソコン内の実際のフォルダー階層が表示されます。

右下のMEMO参照。

4 をクリックして、

5 <リストとして表示>をクリックすると、元のマイフォルダーパネルに戻ります。

KEYWORD

ツリーとして表示

<ツリーとして表示>をクリックすると、パソコン内のフォルダーが実際の階層で表示されます。ツリー表示でも、Elements Organizerに取り込んでいない写真は表示できません。

MEMO

フォルダーアイコン

Elements Organizerに取り込まれた写真が保存されているフォルダーは、のアイコンで表示されます。

MEMO

フォルダーの内容の表示

フォルダーの左に表示されているをクリックすると、そのフォルダーの中にあるフォルダーが表示されます。目的のフォルダーが表示されるまで、順次をクリックしていきます。

Section 14 写真を画面全体に表示しよう

覚えておきたいキーワード
フルスクリーン表示
フィルムストリップ

フルスクリーン表示に切り替えると、メニューやツールバーが消えて、写真がディスプレイ全体に表示されます。写真の細部まで見たいときに使うと便利な機能です。

1 フルスクリーン表示に切り替える

1 写真を選択して、

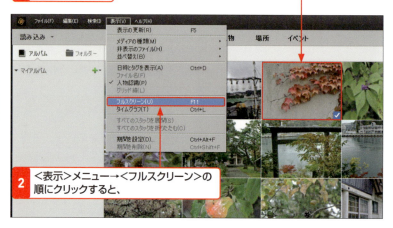

2 <表示>メニュー→<フルスクリーン>の順にクリックすると、

KEYWORD
フルスクリーン表示

通常の画面モードで写真1枚だけの表示にしても、周りにはメニューやパネルが表示されているのでその分写真は小さく表示されてしまいます。フルスクリーン表示に切り替えれば、写真が画面全体を使って大きく表示されるため目的の写真に集中して鑑賞することができます。

3 フルスクリーン表示に切り替わります。

<クイック編集>パネル　<クイック整理>パネル

フィルムストリップ
（右下のKEYWORD参照）

MEMO
パネルとフィルムストリップ

フルスクリーン表示では、画面左側に2つのパネル、画面下にフィルムストリップが表示されます。数秒経つとパネルは折りたたまれます。各パネルでは編集や整理を行うことができます。

4 キーボードのを押すと、

KEYWORD
フィルムストリップ

フィルムストリップとは、写真のサムネール（縮小画像）をフィルム状にまとめて表示したものです。クリックして写真を切り替えることができます。

写真を取り込んで整理しよう

5	次の写真に切り替わります。

6	マウスを動かすと、

7	コントロールバーが表示されます。

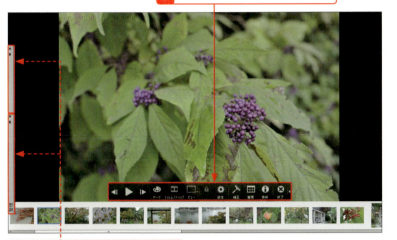

折りたたまれたパネルは、マウスポインターを合わせると再表示できます。

8	<フィルムストリップの表示切り替え>をクリックすると、

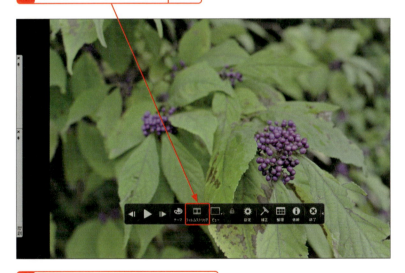

9	フィルムストリップが非表示になります。

MEMO

コントロールバー

マウスを動かすとコントロールバーが表示されます。コントロールバーではビューの切り替えやパネルの表示などを行うことができます。マウスを動かさずに数秒経つとコントロールバーが非表示になります。

HINT

通常の表示に戻すには

通常の画面表示に戻すには、コントロールバーの<終了>をクリックするか、Esc（OS Xではesc）キーを押します。

MEMO

表示をキーボードで切り替える

キーボードのF11（OS Xではcommand+F11）を押すと全画面表示、F12（OS Xではcommand+F12）を押すと全画面で左右2枚並べて表示することができます（Sec.15参照）。

MEMO

<クイック編集>パネルで写真を編集する

フルスクリーン表示の画面左側に表示される<クイック編集>パネルでは、通常の画面モードに戻ることなく、簡単な編集を行うことが可能です。

↺	左に回転（反時計回り）	↻	やり直し
↻	右に回転（時計回り）	🗑	削除
↶	取り消し	🖶	プリント

Section 15 写真を2枚並べて比較しよう

覚えておきたいキーワード
- フルスクリーン表示
- 画像倍率の同期

2つの写真の細部を比較したいときは、フルスクリーン表示の2枚表示を利用します。**画像倍率の同期**をオンにすると、2つの写真を連動させて拡大・縮小もできます。

1 フルスクリーンで2つの写真を表示する

1 2つの写真を選択して（右上のKEYWORD参照）、

2 ＜表示＞メニュー→＜フルスクリーン＞の順にクリックすると、

3 フルスクリーン表示に切り替わります。

4 ＜ビュー＞をクリックして、

5 ＜左右に並べて表示＞をクリックすると、

6 2つの写真が表示されました。

KEYWORD

写真を並べて比較

「写真を並べて比較」表示はフルスクリーン表示の一種で、2枚の写真を全画面側で並べて表示して見比べることができます。似た写真を比較してどちらを採用するかを決める場合などに便利です。2つ以上の写真を選択するには Ctrl （OS X では command ）を押しながら順にクリックします。

HINT

キーボードでも操作できる

写真を選択し、キーボードの F12 （OS X では command + F12 ）を押しても全画面で左右2枚並べて表示することができます。

MEMO

1枚だけの表示に戻すには

1枚だけのフルスクリーン表示に戻すには、＜ビュー＞ をクリックして、1枚だけの絵が描かれたアイコン をクリックします。また、 F11 （OS X では command + F11 ）を押しても1枚だけの表示に切り替えることができます。

2 2つの写真を同時に拡大する

1 このボタンをクリックして、

ここをクリックすると全画面表示を終了します。

2 マウスのホイールを回転させると、

3 2枚の写真が同時に拡大されます。

4 Escキーを押すと通常の表示に戻ります。

MEMO
拡大率を同調する

＜画像倍率を同期します＞🔒をクリックすると、一方の写真上でマウスホイールを回転させて拡大縮小表示したときに、もう一方の写真も同じ倍率で拡大表示されるようになります。🔒を再びクリックすると同期が解除されます。

HINT
写真をすばやく拡大する

写真全体が表示されている状態で写真上を1回クリックすると、写真の1ピクセルとディスプレイの1ピクセルが一致する「原寸表示（100％表示）」に切り替えることができます。

STEPUP
複数の写真を簡単に補正する

Elements Organizerでは複数の写真をまとめて同時に補正することができます。補正したい写真を選択し、タスクバーの＜かんたん補正＞をクリックすると、＜かんたん補正＞画面が表示されます。この画面で一部の補正操作が可能です。なお、この画面では細かな補正は行うことができません。複雑な補正や加工を行う場合はElements Editorを使用しましょう。

1 写真を選択して、

2 ＜かんたん補正＞をクリックします。

3 簡易的な補正を複数の写真にまとめて行うことができます。

Section 16 似ている写真をまとめよう

覚えておきたいキーワード
- スタック
- 先頭の写真

スタックは、複数の写真をまとめて1つの写真のように扱う機能です。同じアングルで何枚か撮影した写真をスタックにすれば、表示をすっきりさせることができます。

Before：似たような複数の写真をまとめたい。
After：1つのスタックにしてすっきりさせた。

1 スタックを作成する

① 1つにまとめたい写真をすべて選択して（HINT参照）、

② <編集>メニュー→<スタック>→<選択した写真をスタック>の順にクリックすると、

HINT 複数の写真の選択

連続した複数枚の写真をまとめて選択したいときは、連続する写真の最初（最後）の1枚をクリックしてから、[Shift]（OS Xでは[shift]）を押しながら最後（最初）の1枚をクリックすると、まとめて選択できます。

選択したい写真が連続して並んでいない場合は、[Ctrl]（OS Xでは[command]）を押しながら選択したい写真を順にクリックします。また、マウスでドラッグしても複数枚の写真を選択できます。

3 写真がスタックにまとめられます。

スタックにはこのようなアイコンが表示されます。

MEMO
先頭の写真が表示される

スタックを作成すると、スタック中で最新の写真が「先頭の写真」に設定されます。先頭の写真は、スタックにまとめられた写真の代表として表示され、1枚の写真と同様に扱えます。

2 スタックを展開する

1 スタックをクリックして選択し、

2 Ctrl+D（OS Xではcommand+D）を押すと、

MEMO
スタックの展開と折りたたみ

スタックを展開するには、表示を切り替え、サムネールの右側に表示されている ▶ をクリックします。展開したスタックを折りたたむには、展開後に右側に表示される ◀ をクリックします。

3 表示が切り替わります。

4 をクリックすると、

5 スタック内の写真が表示されます。

6 再びCtrl+D（OS Xではcommand+D）を押して表示を戻します。

STEP UP
写真を自動的にスタックにする

スタックにしたい写真が何組もある場合、1つずつ設定するのは手間がかかります。その場合はスタックにしたい写真をすべてまとめて選択して、＜編集＞メニュー→＜スタック＞→＜自動的に写真をスタック＞の順にクリックすると、似た写真が自動的に検出されて表示されます。スタックにしたい写真の＜スタック＞をクリックし、最後に＜完了＞をクリックします。

Section 17 撮影年や月ごとに写真を整理しよう

覚えておきたいキーワード
- タイムグラフ
- マーカー

タイムグラフを利用すると、特定の期間内に撮影した写真だけを絞り込んで表示することができます。月ごとの撮影枚数の簡単な比較もできます。

1 タイムグラフを使って表示する写真を絞り込む

2 写真を取り込んで整理しよう

<表示>メニュー→<タイムグラフ>の順にクリックすると、

タイムグラフが表示されます。

目的の年月をクリックすると、

その年月に撮影した写真の先頭が、強調して表示されます。

KEYWORD

タイムグラフ

「タイムグラフ」は、撮影した月別に写真の数量をグラフで表したものです。タイムグラフを使うと撮影された日付の情報をもとに写真の検索や表示ができます。初期設定ではタイムグラフは表示されていないため、左の手順で表示／非表示を切り替えることができます。タイムグラフはメディアビューでしか表示できませんが、タイムグラフで写真を絞り込むとほかのビューにも反映されます。<表示>メニュー→<タイムグラフ>を再度クリックすると非表示になります。

HINT

緑の枠が表示される

タイムグラフでスライダーを目的の月まで移動すると、その月に撮影した写真の中で先頭の写真に緑の枠が表示されます。
この枠は、写真を見つけやすくするためのもので、しばらくすると消えます。

2 タイムグラフで期間を設定する

1 タイムグラフのマーカーをドラッグすると、

2 左右のマーカーの間の期間の写真だけが表示されます。

3 ＜表示＞メニュー→＜期間を削除＞をクリックして元の表示に戻ります。

MEMO

特定の期間の写真を表示する

タイムグラフで左右のマーカーを移動すると、2つのマーカーが示す期間内に撮影した写真だけが表示されて、ほかの写真が非表示になります。スライダーがマーカーの範囲外にあった場合は、マーカーの範囲内にずらされます。

HINT

タイムグラフに目的の年月が表示されない？

写真の撮影日が大きく離れている場合、タイムグラフにすべての年月が表示しきれないことがあります。目的の年月が表示されていない場合は、タイムグラフの両端の＜または＞をクリックすると、表示される年月の範囲が変わります。

STEPUP

期間を正確に設定する

手順3の画面で＜期間を設定＞をクリックすると表示されるダイアログで、表示する画像範囲の年月日を設定することができます。

Section 18 人物ごとに写真を分類しよう

覚えておきたいキーワード
- 人物ビュー
- イベント候補

人物ビューを利用すると、写真に写っている人物を指定して整理できます。ビューを利用せずに、1枚1枚指定することもできます。人物は自動認識されます。

1 人物ビューに切り替えて名前を登録する

1 ＜人物＞をクリックして、人物ビューにすると、

KEYWORD

人物ビュー

人物ビューでは顔認識機能で自動的に写真が分類され、顔が似ているものがまとめられて表示されます。「名称あり」では、人物として名前が登録されたもののみが表示されます。

2 顔認識機能で自動的にグループ分けされます。

HINT参照。

3 写真をクリックすると、

HINT

小規模のスタック

含まれている写真の数が少なかったり、照明や顔の角度の関係で同一人物と認識されなかった顔は「小規模のスタック」としてまとめられています。初期設定では＜小規模のスタックを表示しない＞にチェックが付けられているため、ある程度の抽出数のあるものしか表示されません。ここのチェックを外すことで、すべての抽出データを確認することができます（P.72参照）。

4 人物が選択され、写真中の認識された顔が表示されるので確認します。 HINT参照。

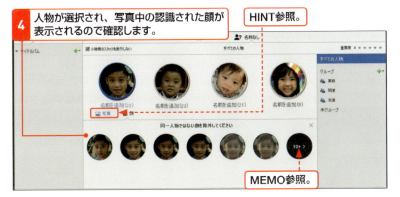

MEMO参照。

5 もし間違って認識されていたら、その顔をクリックで選択して<別人>をクリックします（STEPUP参照）。

マウスオーバーで抽出元の写真が表示されます。

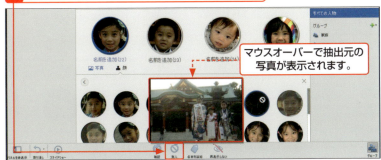

6 ここをクリックして名前を入力して、
7 ここをクリックして名前を追加します。

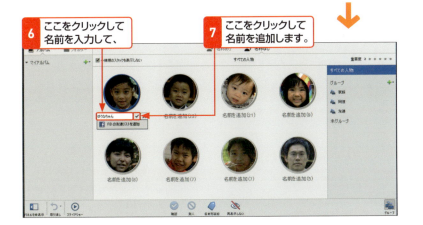

8 <名称あり>をクリックすると、
9 人物に名前が追加されていることが確認できます。

HINT

抽出元の写真を表示する

<写真>をクリックすると、抽出元の写真全体が表示されます。

MEMO

省略されて表示される

認識された顔が7つ以上ある場合は、表示が省略されます。20+> をクリックすると、すべての写真を表示することができます。

STEPUP

「別人」と「再表示しない」

タスクエリアには、<別人>と<再表示しない>の2種類のボタンがあります。どちらもクリックすることで、写真をスタックから外すことができます。違いは、<別人>はスタックから外した後も「名称なし」の人物として人物ビューに表示されますが、<再表示しない>の場合は、人物ビューへの表示もされなくなります。銅像や人形など人間以外のものが顔認識されてしまった場合は、<再表示しない>を選択しましょう。

2 人物を結合する・追加する

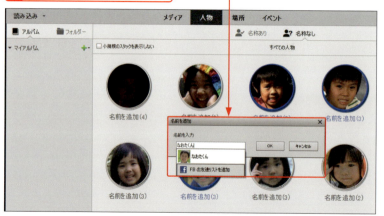

STEPUP

フォルダーごとに確認する

ここではカタログのすべてのデータを対象にしています。認識された人物の顔をフォルダーごとに確認したい場合は、手順2の画面のまま、マイフォルダーパネルに切り替えて目的のフォルダーを指定します。

MEMO

登録情報の表示

ここではすでに登録されている人物に追加する形になるので、登録情報も表示されます。新規登録の場合は表示されません。

3 写真から人物を手動で追加する

> Elements Organizerで写真を拡大表示しています（P.57参照）。

1 ＜顔をマーク＞をクリックして、

2 表示される枠を顔にドラッグして移動させます。

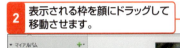

3 ここをクリックして名前を追加して、

4 ここをクリックすると、

5 人物と名前が追加されます。

STEPUP

似ている顔の情報

写真が新しく追加されたときに、認識された顔情報が登録されている顔情報と似ている場合は、⚠が表示されます。該当人物の顔情報を登録すると、自然と表示は消えます。表示がいつまでも消えない場合は、クリックして展開し、P.71手順**5**のように一つずつ消していきます。

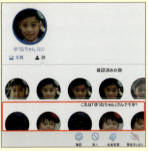

Section 19 アルバムを作成しよう

覚えておきたいキーワード
- アルバム
- カテゴリ

旅行のベストショットを集めたり、テーマに沿った写真を集めたりしたい場合は、**アルバム**を利用します。アルバムには写真を自由にドラッグして追加することができます。

1 アルバムを作成する

1 このボタンをクリックすると、

2 <新規アルバム>画面が表示されます。

3 アルバムの名前を入力し、

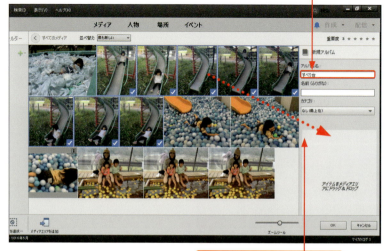

4 追加したい写真をドラッグ＆ドロップします。

KEYWORD

アルバム

「アルバム」は、複数の写真を1つのグループとしてまとめておく機能です。アルバムにまとめておくと、アルバムパネルから確認できます。そのアルバムに含まれる写真をさらにタグなどで絞り込んで表示できるので、後から写真をチェックするときやまとめて印刷する場合に便利です。
「人物」や「場所」などの分類機能は、日時や撮影場所など分類の基準が固定的ですが、アルバムにはその制限がなく、自由な基準で分類できるのも特徴です。

2 写真を取り込んで整理しよう

5 ＜OK＞をクリックします。

> **HINT**
>
> **カテゴリでアルバムを分類する**
>
> アルバムの数が多い場合は、カテゴリを作成し、アルバムを分類することもできます。P.74の手順 **1** でアルバムを作成するボタンの横の ▼ をクリックし、＜新規アルバムカテゴリ＞を選択してカテゴリ名を入力します。

2 アルバムを閲覧する

1 ＜マイアルバム＞をクリックし、

2 見たいアルバムをクリックすると、

3 その中身が表示されます。

> **HINT**
>
> **後から写真を追加するには？**
>
> アルバムに写真を後から追加するには、アルバム・フォルダーパネル内のアルバムに対して写真をドラッグ＆ドロップします。
>
>

> **STEPUP**
>
> **アルバムを印刷するには？**
>
> アルバム内の写真をまとめて印刷するには、写真をすべて選択するか、アルバムの中身を表示して写真を1枚も選択していない状態で、＜ファイル＞メニュー→＜プリント＞の順にクリックします（Sec.88参照）。

Section 20 イベントごとに写真をまとめよう

覚えておきたいキーワード
- イベントの作成
- カレンダー

「誕生日」や「旅行」など特別な日の写真をまとめたい場合は、自分でイベントを作成すると便利です。イベントには名前や開始日・終了日を設定できるので日々のできごとをまとめるのに便利です。

1 イベントを作成して写真をまとめる

1 イベントに含めたい写真を選択して、

2 <イベントを追加>をクリックします。

3 イベントの名前を入力し、

右下のHINT参照。

4 <完了>をクリックします。

MEMO
イベントの作成
自動で撮影日別に分類せず、手動で特定の期間の写真をまとめたりイベントに名前を付けたりしたい場合は、自分でイベントを作成します。開始日や終了日のほかに、グループ分けや説明文章を付けることができます。

HINT
同じ名前でも登録できる
複数のイベントに同じ名前を付けることもできますが、区別しやすいように別の名前を付けることをおすすめします。

HINT
さらに写真を追加する
イベントの作成パネルには、イベントに含める写真のサムネールが表示されています。そこにドラッグ＆ドロップして新たな写真を追加することができます。
また、間違って写真を追加した場合は、その写真を選択してゴミ箱のアイコンをクリックします。

5 <イベント>をクリックして、

6 <名称あり>をクリックすると、

7 イベントとして登録されています。

8 イベントをダブルクリックすると、

9 イベント内の写真が表示されます。

HINT参照。

イベントに写真を追加できます。

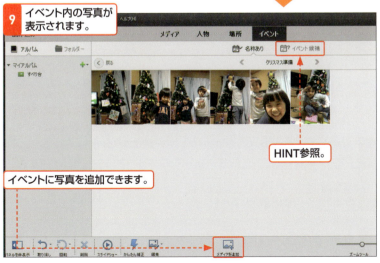

STEPUP

イベントに説明を付ける

イベントの名前を入力する際に、イベントの説明も入力することができます。説明付きのイベントには情報アイコン ⓘ が付き、アイコンをクリックすると説明が表示されます。

MEMO

イベントを示すアイコン

イベントに登録した写真には、イベントアイコン が付きます。

HINT

イベント候補から作成する

イベントビューの<イベント候補>を使用すれば、撮影時刻の近いものをまとめてイベントとすることができます。まとめられる時刻の単位は「グループ数」のバーで変えることができます。

Section 21 タグで写真を分類しよう

覚えておきたいキーワード
- キーワードタグ
- カテゴリ

キーワードタグ（タグ）を作成して写真に設定すると、写真をキーワードで分類することができます。フォルダーによる分類と違い1つの写真にいくつものタグを付けることができます。

1 新しいカテゴリとタグを作成する

1. ＜タグ／情報＞をクリックしてパネルを表示します。
   情報パネルが表示されている場合は、ここをクリックして表示を切り替えます。
2. このボタンの▼をクリックして（HINT参照）、
3. ＜新規カテゴリ＞をクリックします。

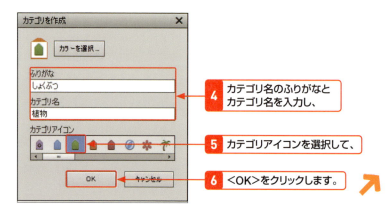

4. カテゴリ名のふりがなとカテゴリ名を入力し、
5. カテゴリアイコンを選択して、
6. ＜OK＞をクリックします。

KEYWORD

タグとカテゴリ

「キーワードタグ（タグ）」は、写真にキーワードを付けて分類するための機能です。写真にタグを付けると、それを基準に写真を絞り込めるようになります。

「カテゴリ」は、タグを格納するもので、タグを分類するために使います。タグが多くなっても見つけやすくなります。

カテゴリには、さらに詳細に分類する「サブカテゴリ」を作成できます。たとえば、スポーツカテゴリの野球サブカテゴリのホームランタグのように使います。

＜キーワードタグ＞パネルの初期設定では、＜自然＞＜カラー＞＜写真＞＜その他＞の4つのカテゴリがあらかじめ作成されています。

HINT

新規キーワードタグの作成ボタン

タグパネルのキーワードタグやカテゴリを追加するボタンはの部分と▼の部分に分かれており、をクリックすると手順[1]のキーワードタグを作成する画面が表示されます。

（写真を取り込んで整理しよう）

7 <キーワード>をクリックすると、

8 カテゴリが作成されています。

9 このボタンの▼をクリックして、

10 <新規キーワードタグ>をクリックします。

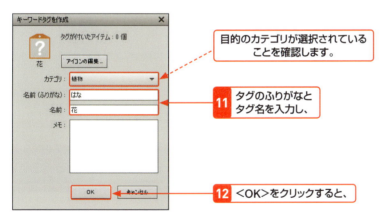

目的のカテゴリが選択されていることを確認します。

11 タグのふりがなとタグ名を入力し、

12 <OK>をクリックすると、

13 タグが作成されます。

HINT

カテゴリの札の色を設定するには？

カテゴリに含まれるキーワードタグの色は、<カラーを選択>をクリックすると表示される<カラーピッカー>ダイアログボックスで設定できます。

HINT

サブカテゴリを作成するには？

手順10の画面で<新規サブカテゴリ>をクリックすると、カテゴリ内にサブカテゴリを作成できます。

MEMO

タグの作成

キーワードタグは、カテゴリかサブカテゴリの中に登録します。新しく作成するときは、目的のカテゴリかサブカテゴリを選択しておきます。

HINT

キーワードタグの編集

キーワードタグの名前やふりがな、カテゴリなどは後から変更することができます。
キーワードタグを編集するには、<キーワードタグ>パネルで目的のタグを右クリックすると表示されるコンテクストメニューで、<編集>をクリックします。<キーワードタグの編集>ダイアログボックスが表示されるので、目的の項目を変更します。

2 写真にタグを付ける

1 タグを付けたい写真を選択して、

2 タグを写真にドラッグすると、

3 選択したすべての写真にタグが設定されます。

MEMO参照。

4 複数枚の写真から一度にタグを削除するには、写真を選択して右クリックし、

5 ＜選択アイテムからキーワードタグを削除＞をクリックします。

HINT

タグの削除

写真に設定したタグを削除したい場合は、タグを削除したい写真を1枚選択して、タグパネルの＜画像タグ＞に表示されるタグの中から削除したいものを右クリックします。その後表示されたメニューの中から＜キーワードタグ○○を削除＞をクリックすると、タグが削除されます。

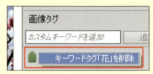

MEMO

そのほかのタグの設定

キーワードタグ以外にも、人物タグ／場所タグ／イベントタグを設定できます。これらのタグはそれぞれのビューと連動しています。また、これらのタグについてはタグを付けやすいよう写真の取り込み時に類似情報（顔写真／撮影場所／撮影日時）が抽出されて表示されます（Sec.18参照）。

3 タグを使って写真を絞り込む

1 目的のタグの□をクリックすると、

右上のSTEPUP参照。

2 そのタグが付けられた写真だけが表示されます。

＜すべてのメディア＞をクリックすると、元の画面に戻ります。

STEPUP

タグの作成から設定までを一気に行う

タグを設定したい写真を選択してから、＜キーワードタグ＞パネル、＜画像タグ＞の＜カスタムキーワードを追加＞にタグ名を入力して＜追加＞をクリックしても、写真にタグを設定することができます。このときすでに存在するタグ名を入力した場合は、そのタグが設定されます。新しいタグ名を入力した場合は、そのタグが新しく作成され設定されます。

STEPUP

場所で分類する

撮影した場所を元にタグを作成することもできます。＜場所＞をクリックして場所ビューに切り替え、自動的に振り分けられたグループの＜場所を追加＞をクリックして、撮影場所を入力していきます。

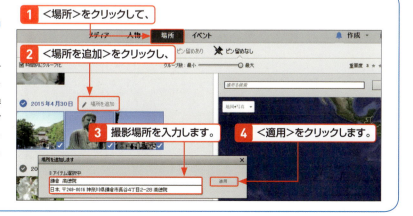

1 ＜場所＞をクリックして、

2 ＜場所を追加＞をクリックし、

3 撮影場所を入力します。

4 ＜適用＞をクリックします。

Section 22 写真に重要度を設定しよう

覚えておきたいキーワード
- 重要度
- 情報パネル

写真には**重要度**を5段階で設定できます。お気に入りの写真や大事な写真を記録しておくのに役立つ機能です。重要度は星の数で設定します。

1 重要度を設定する

1 ＜タグ／情報＞をクリックし、

2 ＜情報＞をクリックします。

KEYWORD

情報パネル

重要度の設定は情報パネルで行います。情報パネルを表示するには＜タグ／情報＞をクリックしてパネルを表示し、＜情報＞をクリックします。このパネルにはファイル名やファイルサイズなどの情報も表示されています。

MEMO

表示を切り替えて星を付ける

重要度の設定方法はここで紹介した方法のほかに、Ctrl+D（OS Xではcommand+D）を押して表示を切り替え、直接クリックして星を付ける方法があります。また、拡大表示（P.57参照）した際にも星を直接付けることができます。

HINT

キャプションを設定する

情報パネルの＜キャプション＞で写真にタイトルを付けることができます。このキャプションは、フルスクリーン表示（Sec.14参照）やスライドショー（Sec.100参照）で表示されます。

3 目的の写真を選択して、　　P.82のHINT参照。

4 クリックして重要度を設定します。

2 重要度を使って絞り込む

1 重要度の星をクリックすると、

2 それ以上の重要度の写真だけが表示されます。　　HINT参照。

MEMO

重要度を設定する

重要度は星の数で設定します。グレーの星をクリックして、金色の星に変更します。付けられる星の数は1～5個です。なしの状態も含めると6段階となります。重要な写真ほど星を多く付けましょう。

MEMO

重要度で絞り込む

画面の上側にある＜重要度＞の星をクリックすると、指定した星の数以上の重要度が設定されている写真だけが表示されます。絞り込みを解除するには、再度星をクリックしてグレーの状態に戻します。

HINT

絞り込みの条件を細かく設定する

初期状態では「指定した重要度以上」の写真が絞り込まれます。≧をクリックすると、＜同じ重要度のアイテム＞や＜重要度がこれ以下のアイテム＞に条件を変更できます。

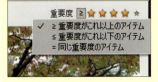

Section 23 色々な情報を使って写真を検索しよう

覚えておきたいキーワード
- 検索
- スマートタグ

検索画面を利用すると、さまざまな検索オプションから該当する写真をすばやく検索できます。また、＜検索＞メニューではさらに異なった条件で検索できます。

1 検索画面を利用する

1 ＜検索＞をクリックすると、

2 検索画面（P.85のMEMO参照）に切り替わります。

3 ここをクリックすると、

4 スマートタグ（KEYWORD参照）で分類された写真が表示されます。

5 ＜庭＞をクリックすると、

KEYWORD

スマートタグ

Elements Organizerによって自動的に似ていると判断された写真には、「スマートタグ」という類似要素を示したタグが付けられてまとめられています。
スマートタグを消去するには、画像を右クリックして表示されるメニューの＜スマートタグを削除＞から、該当するタグをクリックします。

> スマートタグは各画像に自動的に複数付けられています。

> 画像を右クリックして表示されるメニューから削除します。

写真を取り込んで整理しよう

6 スマートタグ「庭」が付けられた写真の一覧が表示されます。

7 ここをクリックし、

検索条件がここに表示されます（STEPUP参照）。

8 ここをクリックすると、**1**の画面に戻ります。

STEPUP

複数の条件を指定して検索する

複数の条件に該当する写真を検索したい場合は、それぞれの条件を続けてクリックします。下の画像は「スマートタグ"花"」で「スマートタグ"春"」の両方の条件に該当する写真の一覧です。検索条件は画面上部のバーで確認できます。

MEMO

検索画面で検索できるオプション一覧

検索画面には、検索オプションがすべてまとまっているため、ここまでで設定してきた人物／場所／重要度などさまざまな条件を指定して検索できます。

	スマートタグの分類による検索
	人物タグ（Sec.18参照）の分類による検索
	場所タグ（P.81のSTEPUP参照）の分類による検索
	日付（Sec.17参照）による検索
	フォルダー（Sec.13参照）による検索
	キーワードタグ（Sec.21参照）の分類による検索
	アルバム（Sec.19参照）による検索
	イベントタグ（Sec.20参照）の分類による検索
	重要度（Sec.22参照）の分類による検索
	メディアの種類（写真／オーディオ／ビデオ／プロジェクト）による検索

2 ＜検索＞メニューを利用する

1 ＜検索＞メニュー→＜すべてのスタック＞の順にクリックすると、

2 スタックだけが表示されます。

3 ここをクリックして戻ります。

＜検索＞メニューの利用

＜検索＞メニューを利用すると、特定の種類の写真だけを絞り込むことができます。左の例のようにスタック（Sec.16参照）だけを表示したり、バージョンセット（P.122のKEYWORD参照）だけを表示したりできます。

＜検索＞メニューから実行できる機能

＜検索＞メニューでは、検索画面とは異なったさまざまな条件で写真を検索できます。

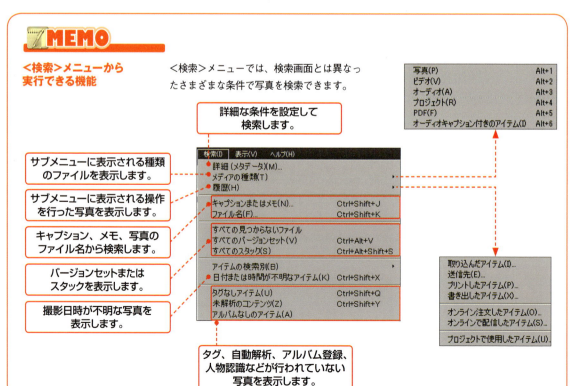

第3章
写真の色やぶれを補正しよう

Section	
24	Elements Editorの画面構成
25	ツールボックスの操作方法
26	パネルの操作方法
27	編集する写真を表示しよう
28	作業しやすく表示を変更しよう
29	おまかせで自動的に補正しよう
30	ぼけた写真をはっきりさせよう
31	くすんだ色の写真を鮮やかにしよう
32	逆光で撮影した写真を明るくしよう
33	自然な明るさに補正しよう
34	手ぶれを補正しよう
35	かすみを除去しよう
36	表情を笑顔に変えよう
37	操作の取り消しとやり直しを知ろう
38	補正した写真を保存しよう

Section 24 Elements Editorの画面構成

覚えておきたいキーワード
クイックモード
エキスパートモード

Elements Editorには、クイックモード、ガイド付き編集モード、エキスパートモードの3つの画像作成・編集のためのモード（ワークスペース）があります。用途や熟練度に合わせて切り替えましょう。

1 クイックモードの画面構成

本書は基本的にクイックモードで解説します。

項目名	解説
メニューバー	Elements Editorの機能を呼び出すためのメニューが配置されています。
モードセレクター	現在のモードが強調表示されます。各モードのタブをクリックしてモードを切り替えることができます（P.89のMEMO参照）。
ツールボックス	写真を編集するためのツールが配置されています。
オプションバー	拡大率を調整するスライダーなどが配置されています。
ツールオプションバー／フォトエリア	選択したツールのオプション設定や写真の一覧が表示されます。をクリックして開閉します。
タスクバー	操作の取り消しなど、よく使われる機能のボタンが配置されています。
パネルバー	パネルが配置されている領域です。クイック編集の画面では、簡単に画像補正を行うためのパネルが表示されています。

2 エキスパートモードの画面構成

<エキスパート>タブをクリックして切り替えます。

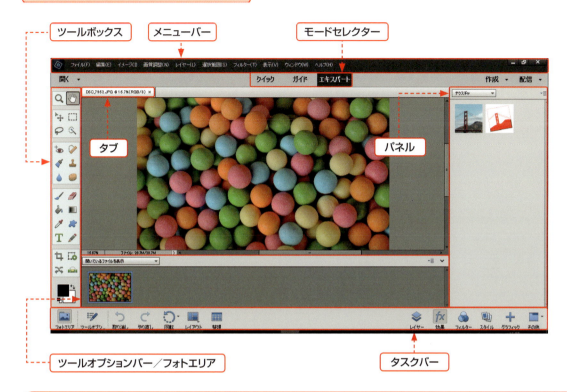

3つの編集モードの使い分け

クイック、ガイド付き編集、エキスパートの3つのモードはメニューバー直下のモードセレクターで切り替えることができます。誰でも簡単に写真補正ができる「クイックモード」、ガイドの指示に従って写真を加工する「ガイド付き編集モード（本書では以後ガイドモードと記します。P.146参照）」、そしてElements Editorのすべての機能を活用できる「エキスパートモード」を使い分けましょう。なお、一番最初に起動したときは「クイックモード」画面で開かれますが、以後は最後に使用したモードで開かれます。本書では特にことわりのない場合、クイックモードで操作を解説します。

Section 25 ツールボックスの操作方法

覚えておきたいキーワード
- ツールボックス
- ツールオプションバー

ツールボックスは、画像を編集するための「ツール」が配置されている領域です。画像の一部を動かす「移動ツール」や、一部を消す「消しゴムツール」などさまざまなツールが用意されています。

1 ツールの名称

エキスパートモードのツールボックスを解説しています。

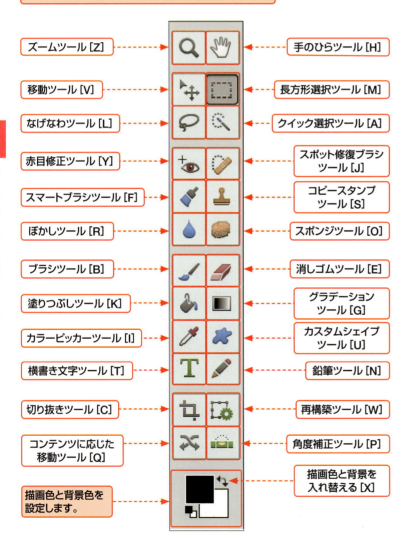

HINT

クイックモードのツール

左図はエキスパートモードのツールです。クイックモードでは、このうち特によく使う9つのツールと、クイックモードのみで使える歯を白くするツールの計10ツールが使用できます。ガイドモードでは、ズームツールと手のひらツールの2ツールが使用できます。

KEYWORD

ツールボックス

「ツールボックス」では、アイコンをクリックして選択することで、使用するツールを切り替えることができます。

STEPUP

ショートカットキーでのツールの切り替え

半角英数字が入力できる状態で、左図のツール名の横に記載されているアルファベットのキーを押すと、そのツールに切り替えることができます。同じキーを繰り返し押すと、隠れているツール（P.91のMEMO参照）に切り替えることができます。

2 ツールオプションバーの利用

Sec.27の方法で写真を開いています。

1 <エキスパート>をクリックしてエキスパートモードに切り替えます。

2 テキストツールをクリックして選択すると、

3 テキストツールのツールオプションバーが表示されます。

4 縦書き文字ツールのアイコンをクリックして選択すると、

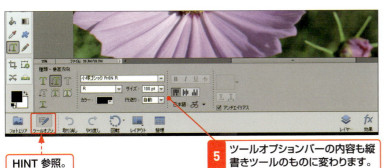

5 ツールオプションバーの内容も縦書きツールのものに変わります。

HINT 参照。

KEYWORD

ツールオプションバー

ツールオプションバーには、選択したツールのための設定項目が表示されます。たとえば、文字を入力するための「横書き文字ツール」であれば、フォントや文字サイズを設定するためのリストやボタンが表示されます。

MEMO

隠れているツールを利用する

ツールオプションバーの左端にツールのアイコンがいくつか配置されていることがあります。これらは「隠れているツール」と呼ばれ、ツールボックスに配置されているツールと同系統のツールがまとめられています。たとえば、横書き文字ツールの隠れているツールには、「縦書き文字ツール」や「横書きマスク文字ツール」などがあります。隠れているツールをクリックして使うとツールボックスにはそのツールが表示されるようになります。

HINT

ツールオプションバーの表示/非表示

手順5の画面の<ツールオプション>をクリックすると、ツールオプションバーの表示/非表示を切り替えることができます。

Section 26 パネルの操作方法

覚えておきたいキーワード
- パネル
- エキスパートモード

パネルは、色や特殊効果の選択、各種情報の表示機能を提供します。エキスパートモードでは、編集ウィンドウと一体化したものと、自由に配置できるその他のパネルがあります。

1 パネルを表示する

1 <エキスパート>をクリックしてエキスパートモードに切り替えます。
2 <効果>をクリックすると、

3 効果パネルが表示されます。
再度<効果>をクリックするとパネルが非表示になります。

MEMO

さまざまなパネル

エキスパートモードでは、合計12のパネルを利用できます。

①レイヤーパネル
　レイヤーを管理します。
②効果パネル
　写真に特殊効果を与えます。
③フィルターパネル
　写真の色合いを変えるフィルターが多数用意されています。
④スタイルパネル
　レイヤースタイルを適用できます。
⑤グラフィックパネル
　背景やフレームなど素材を選ぶことができます。
⑥情報パネル
　大きさなどの情報を表示します。
⑦ナビゲーターパネル
　現在の表示範囲を示します。
⑧お気に入りパネル
　よく使う効果などを登録しておきます。
⑨ヒストリーパネル
　操作の履歴を表示します。
⑩ヒストグラムパネル
　写真の色や明るさをグラフで表します。
⑪スウォッチパネル
　色を登録しておきます。
⑫アクションパネル
　自動操作を実行します。

第3章 写真の色やぶれを補正しよう

2 その他のパネルを好きな場所に配置する

 ＜その他＞をクリックすると、

 その他のパネルが表示されます。

3 タブをドラッグすると切り離すことができます（MEMO参照）。

MEMO

パネルを切り離す

その他のパネルは個別に切り離してそれぞれを好きな場所に配置することができます。また、タブをドラッグしてほかのパネルに重ねると、1つにまとめることができます。

HINT

パネルを初期状態に戻す

パネルの表示をインストール直後の状態に戻したい場合は、＜ウィンドウ＞メニューから＜パネルを初期化＞を選択します。

Section 27 編集する写真を表示しよう

覚えておきたいキーワード
- Elements Organizer
- Elements Editor

Elements Organizerで選んだ写真を、Elements Editorで開いてみましょう。Elements Organizerに取り込んでいない写真もElements Editorから直接開くことができます。

1 Elements Organizer から編集したい写真を開く

Elements Organizerを起動します（P.38参照）。

1. Elements Organizerで目的の写真を選択して、

2. <編集>をクリックすると、

3. Elements Editorで写真が開かれます。

RAWファイルの場合はCamera Rawが起動します（P.244参照）。

MEMO

初回起動時に表示される画面

初回起動時には下図の画面が表示されることがあります。内容を確認し、問題がなければ<OK>をクリックすると、Elements Editorが起動します。

HINT

複数の写真を開く

Ctrl（OS Xではcommand）を押しながら複数の写真をクリックして選択し、<編集>をクリックすると複数の写真をまとめて開くことができます。

HINT

最後に使用したモードで開かれる

左図ではクイックモードで開かれていますが、最初に表示されるモードは前回使用したものになります。前回エキスパートモードで作業していた場合、次に開くときもエキスパートモードで表示されます。

2 写真を拡大表示する

1 ズームツールを選択し、

2 拡大表示したい範囲を囲むように斜めにドラッグすると、

↓

3 画像が拡大表示されます。

倍率が表示されます。左右にドラッグして調整することができます。

MEMO参照。

右下のHINT参照。

MEMO

ズームツールの利用

ズームツール は写真を拡大/縮小表示するためのツールです。マウスポインターの形が の状態で、拡大表示したい範囲を斜めにドラッグすると、囲んだ範囲がウィンドウ内に納まるように拡大されます。写真を縮小したい場合は、ツールオプションバーで＜ズームアウト＞ を選択してから、写真をクリックします。また、＜ズームイン＞ が選ばれている状態でも、Alt（OS Xでは option）を押している間はズームアウトとしてはたらきます。

HINT

**Windowsの
タスクバーで切り替える**

Elements OrganizerとElements Editorの切り替えはWindowsのタスクバーのアイコンからも行えます（P.37参照）。

HINT

Elements Editorから開く

Elements Editorの画面からElements Organizerを開くこともできます。タスクバーの＜整理＞をクリックするとElements Organizerが起動します。

3 Elements Organizer なしで写真を開く

1 Elements Editorを起動して（P.38参照）、

2 ＜開く＞をクリックします。

3 写真の保存場所を選択して、

4 目的の写真をクリックして選択し、

5 ＜開く＞をクリックすると、

6 写真が開かれます。

STEPUP参照。

MEMO

＜開く＞ダイアログボックスの表示

＜開く＞ダイアログボックスは、左の手順のほか、Ctrl+O（OS Xではcommand+O）を押しても表示することができます。また、＜ファイル＞メニュー→＜開く＞の順にクリックしても表示できます。

STEPUP

複数の写真を一度に開く

手順4でファイルを選択する際にCtrl（OS Xではcommand）を押しながらクリックすると、複数のファイルを選択して開くことができます。＜フォトエリア＞をクリックすると、現在開いている写真のサムネールが並んで表示され、ダブルクリックで編集する写真を切り替えることができます。

写真の色やぶれを補正しよう

4 写真を閉じる

クイックモード/ガイドモードの閉じ方です。

1 閉じるボタン × をクリックすると、

2 写真が閉じます。

写真を閉じてもElements Editorは起動したままにできます。

MEMO

写真を閉じる

写真の右上に表示される × をクリックすると、写真を閉じることができます。エキスパートモードでは、写真のタブに閉じるボタンが付いています。また、写真の編集を行った後で閉じようとした場合は、ファイルを保存するかどうかを確認するメッセージが表示されます。

エキスパートモードの場合

STEPUP

複数の写真を一度に閉じる

開いている複数の写真を一度に閉じるには、<ファイル>メニュー→<すべてを閉じる>の順にクリックします。Elements Editorも終了します。

HINT

終了するよりも速い

Elements Editorを後でまた利用する場合は、その都度終了するよりも写真を閉じた状態にしておいたほうが、起動の手間が省け、より高速に使えます。

Section 28 作業しやすく表示を変更しよう

覚えておきたいキーワード
- 手のひらツール
- 並べて表示

写真を拡大表示しているときなどは、**手のひらツール**を使えばすばやく表示する範囲を変更できます。また、写真を補正する前の状態と、補正した後の状態を並べて表示することもできます。

1 写真の表示範囲を変更する

ズームツールで写真を拡大表示しておきます。

1 手のひらツールを選択すると、マウスポインターが手の形に変わるので、

STEPUP参照。

2 写真をドラッグすると、

3 ドラッグした方向に、写真の表示範囲が移動します。

KEYWORD

手のひらツール

手のひらツール🖐は、ウィンドウ内に写真が表示しきれない場合に、ドラッグ操作で表示範囲を移動するツールです。また、ほかのツールを使用しているときに Space を押すと、マウスポインターの形が🖐になり、一時的に手のひらツールに切り替えることができます。

STEPUP

ボタンを利用した表示倍率の変更

ズームツール🔍と手のひらツール🖐のオプションバーには、表示倍率を変更するためのボタンが用意されています。

① <1:1>ボタン
　等倍で写真を表示します。
② <画面サイズ>ボタン
　ウィンドウ内に写真全体が納まるよう倍率調整されます。
③ <画面にフィット>ボタン
　幅と高さのうち、短いほうが画面に合うように倍率調整されます。
④ <プリントサイズ>ボタン
　印刷（Sec.86参照）時のサイズで写真を表示します。

2 補正前と補正後の写真を並べて表示する

あらかじめ写真に変更を加えておきます。

 ここをクリックし、

 ＜補正前と補正後-左右に並べて表示＞をクリックすると、

3 補正前の写真と補正後の写真が横に並んで表示されます。

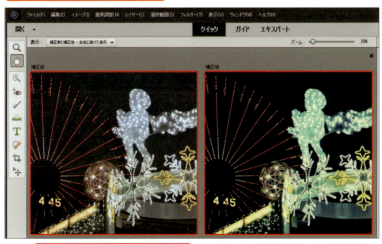

補正前の写真が表示されるエリア　　補正後の写真が表示されるエリア

MEMO

写真を並べて表示する

写真を左右または上下に並べて表示すると、写真がどのように変化したかを見ながら作業することができます。なお、エキスパートモードでは並べて表示することはできません。

① ＜補正後のみ＞
  補正を行っている写真が表示されます。
② ＜補正前のみ＞
  元の写真が表示されます。
③ ＜補正前と補正後-左右に並べて表示＞
  元の写真と補正を行っている写真が横に並んで表示されます。
④ ＜補正前と補正後-上下に並べて表示＞
  元の写真と補正を行っている写真が縦に並んで表示されます。

HINT

ドラッグして同時に移動・拡大できる

並べて表示した状態では、ズームツールによる拡大／縮小や、手のひらツールによる移動が連動するので、よく比較しながら作業できます。

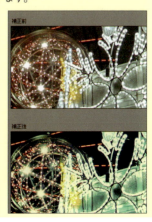

Section 29 おまかせで自動的に補正しよう

覚えておきたいキーワード
- クイックモード
- スマート補正

クイックモードでは、パネルに表示されるサムネールから希望するものを選ぶだけで、手早く画像を補正することができます。ここではクイックモードの基本的な操作を覚えましょう。

1 写真の明るさを自動的に補正する

1. <スマート補正>ツールをクリックして、

MEMO参照。

調整パネルが開いていない場合は、ここをクリックしてください。

2. <自動>をクリックすると、

KEYWORD
スマート補正
スマート補正は、いくつかの補正機能を組み合わせて、簡単に補正できるようにする機能です。細かい指定を行わなくとも、写真がきれいになるように補正できます。

MEMO
クイックモードへの切り替え
メニューバー直下のモードセレクターの<クイック>を押すと、クイックモードに切り替えることができます。本書では特にことわりのない場合、クイックモードで操作を解説します。

KEYWORD
自動スマート補正
手順2で<自動>をクリックすると、写真全体の色合いや明るさを自動で最適な状態に補正します。これが「自動スマート補正」です。ただし、自動補正の特性上必ずしも意図したような明るさ、色合いになるわけではない点に注意してください。

3 明るさやコントラストが自動的に補正されます。 HINT参照。

HINT
補正をキャンセルする

補正した結果をキャンセルして補正前に戻したい場合は、パネルの右上にある ⟲ をクリックすると初期状態まで戻ります。また、＜取り消し＞をクリックして取り消すこともできます。

MEMO
そのほかの自動補正機能

クイックモードには、自動スマート補正以外にも、写真をかんたん、おまかせで補正できる機能が用意されています。自動レベル補正、自動コントラスト、自動カラー補正、自動シャープの4つの補正です。自動スマート補正と同様に、パネルバーの各パネルのボタンをクリックするだけで補正できます。利用できる補正の効果は写真の通りです。なお、自動シャープ補正についての詳細は、Sec.30を参照してください。

自動レベル補正

ライティングツールで＜自動レベル補正＞をクリックします。写真の最も明るい部分と最も暗い部分を中心に補正して、明暗差のバランスを整えます。

自動コントラスト

ライティングツールで＜自動コントラスト＞をクリックします。写真の明暗差をより大きくして、メリハリを付けます。

自動カラー補正

カラーツールで＜自動＞をクリックします。写真の色合いを鮮やかに、自然に補正します。

自動シャープ補正

シャープツールで＜自動＞をクリックします。写真の画質を保ったまま、輪郭を強調します（Sec.30参照）。

2 プレビューを見ながら補正する

1 ＜スマート補正＞ツールをクリックして、

2 マウスポインターをサムネールの上に移動させると、

3 補正結果がプレビューできます。

4 サムネールをクリックすると補正が適用されます。

MEMO

候補の中から補正する

いくつかの候補の中から、自分のイメージ通りの写真に仕上げたい場合は、左の手順のようにパネルに表示されたサムネールをクリックして、補正効果の適用量を調整します。9枚のサムネールはそれぞれ補正の度合いを示すもので、サムネールの上にマウスを移動させるだけでその効果をプレビューできるので、色々試しながら補正をするのに向いています。

HINT

補正を確定する

サムネールをクリックすることによる補正を確定させるには、現在操作しているツール以外のツールを使うか、＜調整＞をクリックして補正パネルを閉じます。

HINT

補正のしすぎに注意!

暗く補正した写真を後から明るく補正し直しても、元の状態に戻るわけではありません。写真を補正するたびに、写真の中にある明るさや色の情報がわずかに損なわれていきます。そのため、補正を何度も何度も繰り返し実行すると、写真がどんどん劣化し、微妙な明るさの変化（グラデーション）などが失われてしまいます。意図と違った結果になってしまったときは、P.103のHINTを参照して補正を取り消しましょう。

---

3 写真の色やぶれを補正しよう

3 補正を細かく調整する

1 サムネールをクリックして補正して（ここでは＜カラー＞を補正）、

2 スライダーをドラッグすると、

3 補正が微調整されます。

MEMO

補正の微調整

パネルの各ツールの補正項目には、補正の度合いを示すサムネールのほか、スライダーが用意されています。このスライダーをドラッグすることで、補正の適用量を微調整できます。サムネールよりも細かく調整したいときはスライダーを使いましょう。

HINT

補正を取り消すには？

サムネールをクリックすることによる補正は、確定前であれば「起点のサムネール」をクリックすることで取り消すことができます。また、確定した後でもタスクバーの＜取り消し＞をクリックすれば、直前の補正を取り消すこともできます（P.118参照）。
1つの写真には、複数の補正効果を重ねて適用することができますが、すべての補正を取り消したい場合は、パネルバー上部の＜調整をリセット＞をクリックします。
なお、リセットをクリックすると、横書き文字ツールの入力などのほかの変更もリセットされるので注意しましょう。

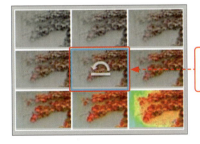

が表示されている起点のサムネールをクリックして確定前の補正を取り消す。

＜リセット＞をクリックしてすべての補正を取り消す。

Section 30 ぼけた写真をはっきりさせよう

覚えておきたいキーワード
シャープ
アンシャープマスク

ピントがぼけていたりした場合は、シャープ機能を使って輪郭を強調させてみましょう。ただし、強くかけすぎると画質が粗くなるので、かけ過ぎには要注意です。

Before: ぼやけている部分をちゃんと写したい。
After: 全体がくっきり見えるようになった。

1 シャープを設定する

1 <シャープ>ツールをクリックします。

KEYWORD

シャープ

シャープ機能は写真のぼやけた部分をはっきりさせる機能です。ずれやぼけの修正に使うことができます。明るさや色の差を強調して輪郭を目立たせるため、なめらかにしておきたい部分も粗くなることがあります。明確さと粗さのバランスに注意して設定してください。

2 サムネールにマウスポインターを合わせてちょうどよい結果を探します。

3 意図に近いイメージのサムネールをクリックすると、

4 輪郭や細部がはっきりします。

STEPUP

アンシャープマスクの利用

アンシャープマスクを使えば、シャープにしつつ画質が荒れないよう微調整することができます。＜画質調整＞メニュー→＜アンシャープマスク＞の順にクリックして設定画面を表示します。

①量
　大きくするとより輪郭のコントラストが強調されます。
②半径
　大きくすると、輪郭周辺のより広い範囲に効果がかけられます。
③しきい値
　大きくすると色の差が小さい部分にはシャープ効果がかからなくなり、画像の粗を防げます。

HINT

ノイズに注意

シャープパネルでの補正で、シャープの度合いを高めすぎると、特に夜景や室内などの暗い写真では、「ノイズ」が目立つようになってしまうことがあります。ノイズは暗部に現れる粒子状の不規則模様のことで、写真全体が汚く見えてしまう原因になります。ノイズが目立つ場合は低減するように補正しましょう（Sec.43参照）。

Section 31

くすんだ色の写真を鮮やかにしよう

覚えておきたいキーワード
- 彩度の調整
- 自然な彩度

写真が全体的に灰色っぽいくすんだ色合いになってしまった場合は、カラー補正で**彩度**を調整しましょう。それぞれの色が強調され、全体的に鮮やかな写真になります。

Before: くすんだ色合いの紅葉を鮮やかな色にしたい。
After: 紅葉や木々が鮮やかになった。

1 彩度を調整する

1 ＜カラー＞ツールをクリックして、
2 ＜彩度＞をクリックします。

KEYWORD

彩度

彩度とは、色の鮮やかさを表す値です。彩度を上げるとそれぞれの色が原色に近付き、赤はより赤く、青はより青くなります。彩度を下げると色が浅くなり、灰色に近付きます。

彩度が低い / 彩度が高い

3 サムネールまでマウスポインターを移動して、プレビューを確認します。

4 意図に近いイメージのサムネールをクリックします。

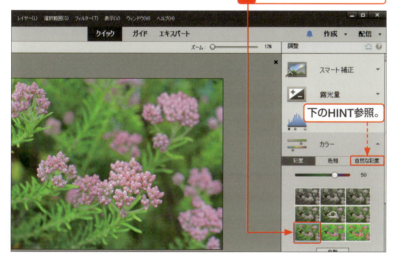

HINT

彩度の上げすぎに注意

彩度を上げすぎると、元々はわずかに色が付いていた部分が完全な赤や青に変わってしまい、写真の色のバランスが崩れてしまうことがあります。

彩度を上げすぎると、色のバランスが崩れてしまいます。

31　くすんだ色の写真を鮮やかにしよう

3　写真の色やぶれを補正しよう

HINT

自然な彩度を利用する

彩度を強めすぎると、写真の色がおかしくなってしまうことがあります。＜自然な彩度＞を利用すると、色がおかしくならない範囲で彩度を調整することができます。

1 ＜自然な彩度＞をクリックして、

2 サムネールをクリックします。

Section 32 逆光で撮影した写真を明るくしよう

覚えておきたいキーワード
スマート補正
レベル補正

逆光の状態で撮影すると、被写体が暗くなってしまうことがあります。**スマート補正**で被写体を明るくして、さらに明るい部分が白飛びしてしまわないよう調整しましょう。

Before: 逆光で暗くなってしまった。
After: 全体的に明るくなるように調整した。

1 スマート補正で大まかに明るさを調整する

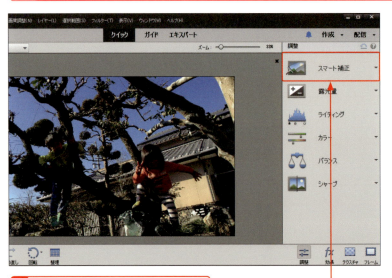

1 <スマート補正>ツールをクリックして、

MEMO

スマート補正の利用

スマート補正は明るさや色合いを補正して写真をきれいにします。バランスよく最適化された補正がかかるので、まずは**スマート補正**で写真の補正を始めてみるとよいでしょう。

2 明るいサムネールをポイントすると、

3 被写体が明るくなります。　HINT参照。

MEMO
ぼかり補正効果と組み合わせる
スマート補正はバランスのよい補正効果を与えることができますが、そのぶん強い効果を与えることはできません。スマート補正の効果が弱いと感じたら、この例のようにほかの補正効果と組み合わせてみましょう。

2 暗い部分を少し明るくする

1 ＜ライティング＞をクリックして、

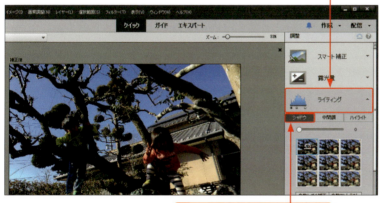

2 ＜シャドウ＞をクリックします。

3 サムネールをクリックすると、

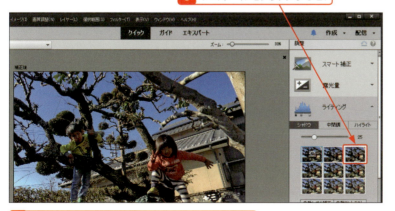

4 背景を白飛びさせずに暗い部分を明るくできます。

KEYWORD
ライティング
ライティングは、写真を「シャドウ（暗い部分）」「ハイライト（明るい部分）」「中間調（中間の明るさの部分）」の3つの領域に分け、それぞれの明るさを調整する機能です。ここではシャドウ（暗い部分）を明るくして、背景の青空を変えずに、手前を明るくしています。

HINT
露光量では全部が明るくなる
露光量も明るさを調整する機能ですが、画像全体の明るさを一律に変更します。そのため、明るい部分が白一色になる、白飛びをしてしまうことがあります。

露光量で明るくすると、背景の空が白飛びします。

Section 33 自然な明るさに補正しよう

覚えておきたいキーワード
自動スマートトーン補正
環境設定

自動スマートトーン補正は、写真の明るさと色合いをバランスよく整える機能です。写真全体の調子（色や明るさ、コントラストなど）を分析して自動補正します。コントローラーで微調整もできます。

Before

写真全体の色合いとバランスがしっくりこない。

After

自動調整で明るさと色合いのバランスがよくなった。

1 明るさと色合いを自動補正する

① ＜画質調整＞メニュー→＜自動スマートトーン補正＞の順にクリックすると、

KEYWORD

自動スマートトーン補正

「自動スマートトーン補正」は、写真の露出とコントラストを自動調整して、最適な明るさ、色合いに補正するための機能です。暗すぎて色が沈んでしまった写真や、明るすぎて色が白っぽくなってしまった写真などの補正に効果があります。

自動スマートトーン補正では、コントローラーによる微調整の結果が次回以降の補正にも記憶されるので、同じような明るさ、色合いの写真をまとめて補正する際に役立ちます。

2 明るさと色合いが自動調整され、自動スマートトーン補正画面が表示されます。

コーナーサムネールをクリックすると、サムネールと同じ明るさ・色合いに調整されます。

HINT参照。

HINT
補正前後の写真を見比べる

自動スマートトーン補正による補正結果と補正前の状態を比較するには、一時的に補正前の写真を表示します。補正前の写真を表示するには、「自動スマートトーン補正」ウィンドウで＜補正前／補正後＞のスイッチをクリックして、スイッチを＜補正前＞側に切り替えます。元の表示に戻すには、再度スイッチをクリックして＜補正後＞に切り替えます。

2 明るさと色合いを微調整する

1 コントローラーをクリックすると、
2 グリッドが表示されます。

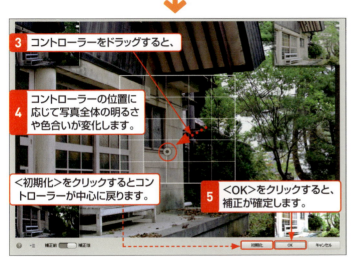

3 コントローラーをドラッグすると、
4 コントローラーの位置に応じて写真全体の明るさや色合いが変化します。
＜初期化＞をクリックするとコントローラーが中心に戻ります。
5 ＜OK＞をクリックすると、補正が確定します。

MEMO
補正の微調整

グリッドの範囲内でコントローラーは移動でき、右方向で明るく、左方向で暗く補正されます。また、上方向でコントラストが高く、下方向でコントラストが低くなり、色合いの濃淡を補正できます。
手順3ではコントローラーを左下方向に移動しているため、写真全体が暗く、コントラストが高くなり、写真に重厚感が出るようになります。

HINT
微調整の結果は記憶される

コントローラーの移動による補正結果は学習され、次回以降＜自動スマートトーン補正＞の画面を開いたときにも反映されます。これによりほかの写真にも同じ補正をかけやすくなります。

手ぶれを補正しよう

覚えておきたいキーワード
ぶれの軽減
拡大鏡ウィンドウ

撮影時に振動が生じてぶれてしまった写真には、ぶれの軽減機能が便利です。ぶれの発生している領域を自動的に解析し、自然な補正をかけてくれます。

Before: 手ぶれで写真がぼやけてしまった。
After: ぶれがとれ、くっきりとした。

1 ぶれの軽減機能を利用する

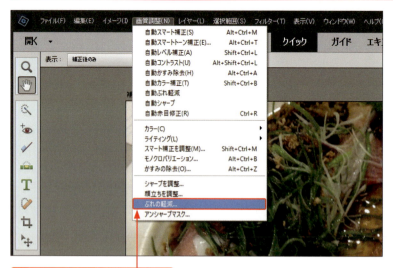

1 <画質調整>メニュー→<ぶれの軽減>の順にクリックすると、

KEYWORD

ぶれの軽減

「ぶれの軽減」は、写真を解析し、ぶれの生じている領域を指定して調整する機能です。補正を行いたいぶれ部分は、自動的に解析される領域のほかに、ドラッグで好きな場所を指定することもできます。ぶれやぼけの補正には、シャープ機能(Sec.30参照)も便利ですが、部分的に細かな調整を行ないながら補正したい場合はこちらの機能を使うとよいでしょう。

112

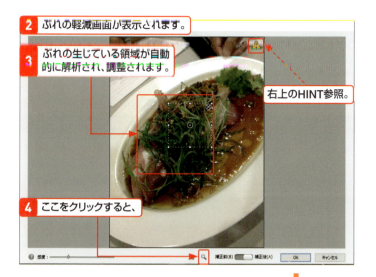

2 ぶれの軽減画面が表示されます。

3 ぶれの生じている領域が自動的に解析され、調整されます。

右上のHINT参照。

4 ここをクリックすると、

5 拡大鏡ウィンドウが表示され、すみずみまで確認することができます（右中のHINT参照）。

ここをクリックすると閉じることができます。

6 ここをクリックすると、

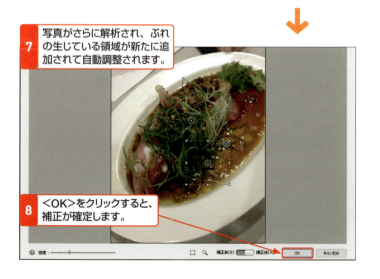

7 写真がさらに解析され、ぶれの生じている領域が新たに追加されて自動調整されます。

8 <OK>をクリックすると、補正が確定します。

HINT

警告が表示される

解析されたぶれの軽減領域の情報量が不足している場合は、警告マークが表示されます。拡大鏡ウィンドウを表示して軽減領域を確認すると、表示は消えます。

HINT

拡大鏡ウィンドウの活用

拡大鏡ウィンドウでは、表示する拡大率を0.5x、1x、2x、4xの中から選択できます。また、ドラッグで表示部分を移動することができます。

MEMO

領域の移動と削除

解析されたぶれの軽減領域を一時的に除外したい場合は、◉をクリックして◎の状態にします。また、◉をドラッグして移動させることができます。⊠をクリックすると、削除することができます。

34 手ぶれを補正しよう

3 写真の色やぶれを補正しよう

Section 35 かすみを除去しよう

覚えておきたいキーワード
- かすみの除去
- 自動かすみ除去

撮影時の天候状態では写真全体にかすみがかかってしまうことがあります。かすみの除去機能を使用するとクリアな状態に補正してくれます。

Before: かすみがかかってぼやけている。
After: かすみが取れ鮮明になった。

1 かすみの除去機能を利用する

① ＜画質調整＞メニュー→＜かすみの除去＞の順にクリックすると、

KEYWORD

かすみの除去

「かすみの除去」は霧やかすみなどによって生じてしまったマスク効果を除去する機能です。除去量は「かすみの除去」バーと「感度」バーの2つから調整できます。どちらか一方を強めすぎると、コントラストが強まったりノイズがかかって粗く見えたりしてしまう場合があるので、注意が必要です。

2 かすみの除去画面が表示されます。

3 かすみの生じている領域が自動的に解析され、調整されます。

4 ここをドラッグして、

5 かすみの除去量を調整します。

6 ここをドラッグしてかすみ検出の感度を調整します。

7 <OK>をクリックすると、

8 かすみの除去処理が行われ、かすみが取れます。

MEMO

自動かすみ除去

＜画質調整＞→＜自動かすみ除去＞を選択すると、そのまま簡単にかすみが除去されます。細かな調整を必要としない場合に適しています。

HINT

さまざまな補正に使える

白っぽくなってしまった写真やアナログ写真読み込み時の白みなども、「かすみの除去」機能を使うと修正することができます。また、水中写真の補正にも効果を発揮します。

Section 36 表情を笑顔に変えよう

覚えておきたいキーワード
- 顔立ちを調整
- スマイル

人物写真で思い通りの表情に撮れなかった場合は、**顔立ちを調整機能**を利用して、笑顔になるように調整してみましょう。表情以外にも鼻の高さや顔の幅などの補正も行えます。

Before：表情がかたくなってしまった。
After：微笑んでいるような表情にできた。

1 顔立ちを調整機能を利用する

1 ＜画質調整＞メニュー→＜顔立ちを調整＞の順にクリックすると、

KEYWORD

顔立ちを調整

「顔立ちを調整」は口元や目元の角度を調整して表情を変える機能です。目や口の他にも、鼻の高さや顔の幅などを調整することもできます（P.117のHINT参照）。調整しすぎると不自然な表情になってしまうので、「補正前」「補正後」のバーをうまく利用しながら行いましょう。

2 顔立ちを調整画面が表示されます。

3 顔の部分が自動的に解析されます。

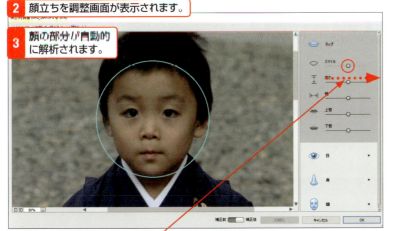

4 「リップ」の＜スマイル＞を右にドラッグすると、

5 口角が上がり笑顔になりました。

6 ＜OK＞をクリックすると、補正が確定します。

MEMO
複数人物が写っている場合は
複数人物が写っている場合はそれぞれの顔立ちが解析されるので、調整したい人物の顔立ちをクリックします。

MEMO
顔立ちが認識されない
人物写真が不鮮明な場合は、自動解析が行われないのでこの機能を使用することができません。

HINT
顔立ちを調整機能で利用できる機能一覧
画面で紹介した「スマイル」以外にも、右の調整機能が用意されています。

目	鼻	顔

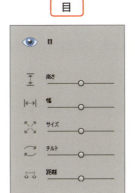

36 表情を笑顔に変えよう

3 写真の色やぶれを補正しよう

Section 37 操作の取り消しとやり直しを知ろう

覚えておきたいキーワード
- 操作の取り消し
- ヒストリーパネル

写真を編集した結果が意図通りのものでなかった場合、ファイルを閉じる前なら**操作を取り消して元の状態に戻す**ことができます。また、ほかの操作をする前なら、取り消しをやり直すこともできます。

1 ボタンで操作を取り消す

あらかじめ写真に変更を加えておきます。

1 <取り消し>をクリックすると、

2 直前の操作が取り消され、写真が操作前の状態に戻ります。

KEYWORD参照。

KEYWORD

取り消し・やり直し

<取り消し>をクリックすると直前に行った操作が取り消され、<やり直し>をクリックすると直前に取り消した操作がやり直されます。<取り消し>をクリックした回数分、操作を取り消すことができます。

HINT

メニューから操作を取り消す

<編集>メニュー→<(操作名)の取り消し>の順にクリックして、操作を取り消すこともできます。また、<編集>メニュー→<(操作名)のやり直し>の順にクリックして、取り消した操作をやり直せます。メニューからの操作では、何の操作を取り消そうとしているのかが確認できます。すべての編集を取り消すときは<復帰>をクリックします(P.119のHINT参照)。

2 ヒストリーパネルを利用する

1 ＜エキスパート＞をクリックして、

2 ＜その他＞をクリックすると、

3 パネルが表示されます。

4 ＜ヒストリー＞をクリックして、

5 その操作の直後まで戻りたいところをクリックすると、

6 その操作直後の状態まで戻ります。

MEMO
ヒストリーパネルの利用

エキスパートモードでは、ヒストリーパネルを利用できます。ヒストリーパネルには、ファイルを開いてから行った操作の履歴が表示されており、履歴をクリックすると写真がその操作後の状態まで戻ります。ヒストリーパネルに表示される履歴の数は最大50までですが、メモリの空きが少なくなると古いものから順に消去されます。

MEMO
ヒストリーパネルが表示されない

＜その他＞をクリックしてもヒストリーパネルが表示されない場合は、＜ウィンドウ＞メニュー→＜ヒストリー＞の順にクリックし、チェックマークが付いた状態にします。

HINT
写真を最後に保存したときの状態に戻すには？

＜編集＞メニュー→＜復帰＞の順にクリックすると、それまでに行った一連の操作を取り消して、写真を最後に保存したときの状態に戻すことができます。

Section 38 補正した写真を保存しよう

覚えておきたいキーワード
別名で保存
バージョンセット

補正したらファイルとして保存しましょう。Photoshop Elementsでは補正前と補正後の写真は**バージョンセット**としてまとめることができ、元の写真のファイルを上書きしません。

1 写真を保存する

あらかじめ写真に変更を加えておきます。

1 ＜ファイル＞メニュー→＜保存＞の順にクリックすると、

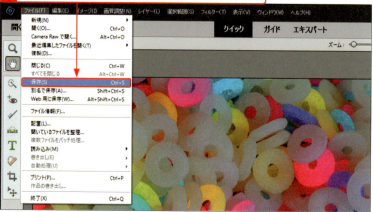

2 ＜名前を付けて保存＞ダイアログボックスが表示されます。

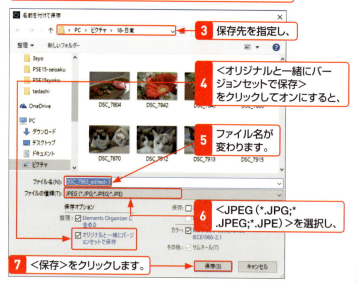

3 保存先を指定し、

4 ＜オリジナルと一緒にバージョンセットで保存＞をクリックしてオンにすると、

5 ファイル名が変わります。

6 ＜JPEG（*.JPG;*.JPEG;*.JPE）＞を選択し、

7 ＜保存＞をクリックします。

MEMO
ファイルの保存

左の手順に従うと、Elements OrganizerからElements Editorで写真を開き補正した場合は、＜名前を付けて保存＞ダイアログボックスが表示されます。

一度補正した写真を保存すると補正前と補正後のファイルはElements Organizer上でバージョンセットにまとめることができます。

なお、TIFFファイルを編集してJPEGファイルとして保存するなど一部の操作ではバージョンセットになりません。

MEMO
自動的に付けられるファイル名

＜オリジナルと一緒にバージョンセットで保存＞がオンになっていないときは、クリックしてオンにすると、「（元のファイル名）_edited-（連番）」というファイル名が自動的に入力されます。

8 画質を選択し、 **9** <OK>をクリックすると、ファイルが保存されます。

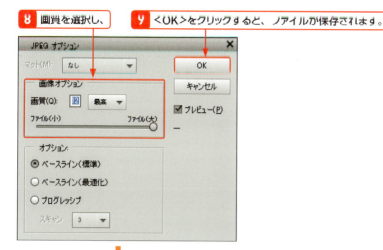

10 閉じるボタンをクリックして、

⬇

11 ファイルを閉じます。

MEMO

保存可能なファイル形式

選択できる主なファイル形式は、次の通りです。

①JPEG形式
写真の保存をするのに適したファイルサイズの小さい形式です。レイヤー情報を保存できないなど作業にはあまり向かない点もあります。

②PNG形式
ファイルを無劣化で保存できますが、ファイルサイズはJPEG形式と比べて大きくなってしまいます。また、レイヤー情報は保存できません。

③Photoshop形式
Photoshop専用の形式で、レイヤーなどのPhotoshop固有の情報を記録できます。ただし、ほかの画像形式に比べて開けるプログラムが少なく、写真の共有などには適さないので、作業でのみ使うとよいでしょう。

HINT

保存せずにファイルを閉じようとすると？

保存せずにファイルを閉じようとすると、保存するかどうかを確認するダイアログボックスが表示されます。<はい>をクリックすると、保存処理が実行されます。保存せずに補正結果を破棄したい場合は<いいえ>を、ファイルを閉じたくない場合は<キャンセル>をクリックします。

2 補正前の写真を確認する

Elements Organizerで補正した写真を表示しています。

1. Ctrl+D（OS Xではcommand+D）を押すと、

バージョンセットを示すアイコン が表示されています。

2. 表示が切り替わります。

3. をクリックすると、

4. 補正前の写真も表示されます。

補正後の写真　補正前の写真

KEYWORD

バージョンセット

Elements Organizerから開いた写真を保存すると、元の写真と補正後の写真が「バージョンセット」というグループになります。バージョンセットはスタック（Sec.16参照）と似た、写真をまとめるための機能です。必要に応じて展開し、元の写真を選んで編集することができます。

MEMO

バージョンセットの展開と折りたたみ

バージョンセットを展開するには、表示を切り替え、サムネールの右側に表示されている をクリックします。展開したバージョンセットを折りたたむには、展開後に右側に表示される をクリックします。

STEPUP

常に別のファイルとして保存する

別のファイルとして保存されるのは、最初に保存したときだけで、2回目以降の保存時は補正後のファイルに上書き保存されます。さらに別のファイルにしたい場合は、Photoshop Elementsの＜ファイル＞メニュー→＜別名で保存＞の順にクリックします。

---

3 写真の色やぶれを補正しよう

第4章

イメージ通りに補正しよう

Section		
	39	人物の肌をいきいきとした色にしよう
	40	花の色だけ鮮やかな色にしよう
	41	明暗差を調整してメリハリを付けよう
	42	料理をおいしく見せよう
	43	暗がりで撮影した写真のざらつきを減らそう
	44	フラッシュによる目の変色を修正しよう
	45	影で暗くなった部分を明るくしよう
	46	写真から必要な部分を切り抜こう
	47	傷や不要な被写体を消去しよう
	48	傾いてしまった写真をまっすぐにしよう
	49	古い写真をきれいにしよう
	50	写真の幅を自然に縮めよう

Section 39 人物の肌をいきいきとした色にしよう

覚えておきたいキーワード
- 肌色補正
- 環境光

蛍光灯の下や天気の悪い日に撮影すると、人の肌が青みがかった暗い色になってしまうことがあります。**肌色補正機能**を使って自然な色に直しましょう。

Before: 青みがかった顔色をきれいに見せたい。

After: 暖かみのある自然な肌色に直した。

1 肌色を基準に全体の色を補正する

1 ＜画質調整＞メニュー→＜カラー＞→＜肌色補正＞の順にクリックすると、

KEYWORD

肌色補正

肌色補正は、撮影の際に色合いの変わってしまった肌の色を、自然な色に直すために用意された機能です。色合いを補正するほかの機能を使っても補正はできますが、肌色補正機能を使えばより簡単に自然な肌色を得られます。

2 ＜肌色補正＞ダイアログボックスが表示されます。

3 肌色の基準になる部分（HINT参照）をクリックすると、

4 クリックした部分が自然な肌の色になるよう、写真全体の色が補正されます。

5 スライダーをドラッグしてさらに微調整を行い（MEMO参照）、

6 ＜OK＞をクリックします。

7 肌色が明るく補正されました。

STEPUP

顔写真をさらにきれいに

ガイドモード（P.147参照）の＜顔写真をきれいに＞でも、顔を補正できます。＜顔写真をきれいに＞では、肌の質感を滑らかにしたり、顔をスリムに見せたりといった補正が可能です。

HINT

肌色の基準にする部分

肌色の基準は、凹凸のある部分や影になっている部分を避けて指定しましょう。

MEMO

肌の色の微調整

補正した結果、希望よりも肌の色が薄くなってしまったり、逆に濃くなりすぎてしまったりすることもあります。その場合は＜肌色補正＞ダイアログボックスの＜肌色＞グループと＜環境光＞グループの各スライダー◯を、希望通りの色になるまでドラッグします。それぞれのスライダーで調整できる項目は次の通りです。

肌の茶色のレベルを調整します。

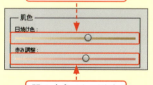

肌の赤色のレベルを調整します。

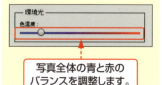

写真全体の青と赤のバランスを調整します。

人物の肌をいきいきとした色にしよう

4 イメージ通りに補正しよう

Section 40 花の色だけ鮮やかな色にしよう

覚えておきたいキーワード
- 色相／彩度
- チャンネル

ここまで紹介した方法で彩度を上げると写真のすべての色が原色に近づいてしまいます。<色相／彩度>ダイアログボックスを利用すると、特定の色だけの彩度を調整することができます。

ほかの色は変えずに花だけ鮮やかにしたい。

花の彩度だけを上げることができた。

1 <色相／彩度>ダイアログボックスを利用する

1 <画質調整>メニュー→<カラー>→<色相・彩度>の順にクリックすると、

MEMO

<色相／彩度>ダイアログボックスの利用

<色相／彩度>ダイアログボックスでは、色の3要素と呼ばれる「色相」「彩度」「明度」を指定して、写真の色や明るさを補正します。補正だけでなく、意図的に写真の印象を変えたい場合にも利用することができます。

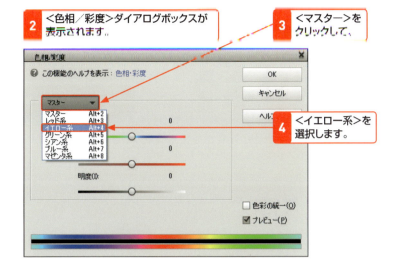

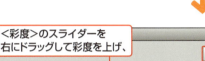

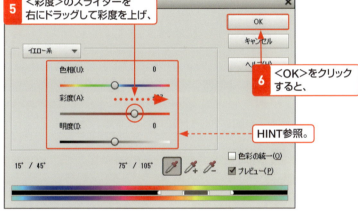

MEMO

特定の色の彩度の変更

<色相／彩度>ダイアログボックスで、次のいずれかのチャンネルを選択すると、写真の中のその色の部分だけを変更することができます。

① <レッド系>
② <イエロー系>
③ <グリーン系>
④ <シアン系>
⑤ <ブルー系>
⑥ <マゼンタ系>

このセクションの例では<イエロー系>を選択し、黄色い花の鮮やかさを強調しています。海や空の青さを調整したいときは<ブルー系>を選択しましょう。

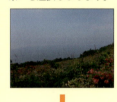

<ブルー系>の強調で空の青さを強調しています。

HINT

色相／彩度の設定

<色相／彩度>ダイアログボックスでは、3つのスライダーをドラッグして画像を調整します。<彩度>のスライダーは色の鮮やかさを調整し、右にドラッグすると原色に近付き、左にドラッグすると灰色（無彩色）に近付きます。原色に近づくことを「彩度が上がる」といいます。

Section 41 明暗差を調整してメリハリを付けよう

覚えておきたいキーワード
- カラーカーブを補正
- コントラスト

明暗差のことを**コントラスト**といい、コントラストを強調すると写真が与える印象が強まります。**カラーカーブ機能**を利用してコントラストを調整しましょう。

Before
のっぺりした印象ではっきりしない写真になってしまった。

After
明暗差のあるメリハリの効いた写真にできた。

第4章 イメージ通りに補正しよう

1 <カラーカーブを補正>ダイアログボックスを利用する

① <画質調整>メニュー→<カラー>→<カラーカーブ>の順にクリックすると、

KEYWORD

カラーカーブ

写真の最も明るい部分を「ハイライト」、最も暗い部分を「シャドウ」、ハイライトとシャドウの間の明るさの部分を「中間調」といいます。

カラーカーブは、ハイライト、中間調、シャドウの明るさのバランスをグラフ化したもので、このグラフを見ながら補正することができます。

2 <カラーカーブを補正>ダイアログボックスが表示されます。

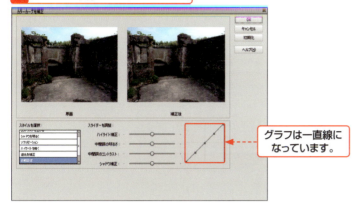

グラフは一直線になっています。

3 スタイルの一覧（MEMO参照）から<コントラストを上げる>を選択し、

4 <OK>をクリックすると、

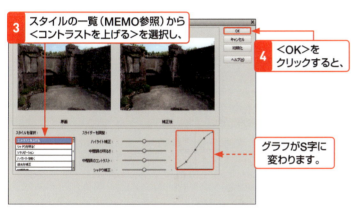

グラフがS字に変わります。

5 画像のコントラストが強められます。

---

41 明暗差を調整してメリハリを付けよう

MEMO

カラーカーブのスタイルの選択

カラーカーブの「スタイル」は、よく使われる設定があらかじめ登録されたもので、選択するだけで簡単に明るさのバランスを補正できます。スタイルの一覧には、次の項目が登録されています。左の例では<コントラストを上げる>を選択しています。

① <コントラストを上げる>
　明るい部分と暗い部分の差を広げ、メリハリのある写真にします。

② <シャドウを明るく>
　暗い部分を明るく補正します。

③ <ソラリゼーション>
　写真の色や明るさを部分的に反転させた画像にします。

④ <ハイライトを暗く>
　明るい部分を暗く補正します。

⑤ <逆光を補正>
　明るい部分を暗く、暗い部分を明るくして、逆光で見えにくくなっている被写体をはっきりさせます。

⑥ <初期設定>
　明るさを変更する前の状態に戻ります。

⑦ <中間調を強く>
　中間調を少し明るくして、被写体の色をはっきり見せます。

4 イメージ通りに補正しよう

2 明るさを調整する

1 P.128の手順で＜カラーカーブを補正＞ダイアログボックスを表示して、

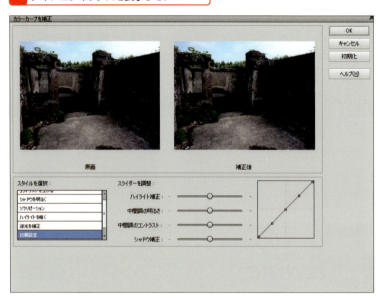

2 スライダーをドラッグして、ハイライト、中間調、シャドウの明るさと、中間調のコントラストを調整し、

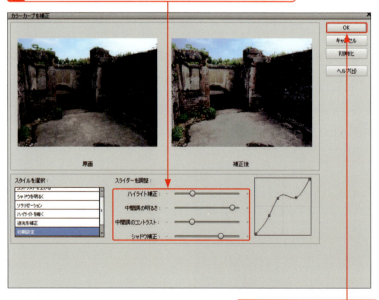

3 ＜OK＞をクリックすると、

MEMO

明るさの微調整

P.128の手順で、思ったような明るさに補正できなかった場合は、左の手順で明るさを微調整します。

＜カラーカーブを補正＞ダイアログボックスの4つのスライダーと、カラーカーブ上の3つの点は連動しています。

＜ハイライト補正＞と＜シャドウ補正＞のスライダーをドラッグすると、シャドウとハイライトを表す点が上下に移動します。

＜中間調の明るさ＞をドラッグするとグラフの中間調を表す点が上下に移動し、＜中間調のコントラスト＞をドラッグすると中間調を表す点が左右に移動します。

スライダーを右にスライドするほど、効果は強まります。

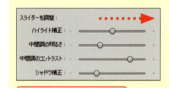

右にスライドするほど効果は強まります。

ハイライト補正

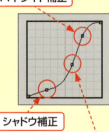

シャドウ補正

中間調の明るさ・コントラスト

4 変更が写真に反映されます。

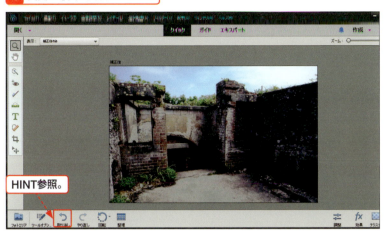

HINT参照。

HINT

写真を元の明るさに戻すには？

補正した写真を元の明るさに戻すには、手順3で＜初期化＞をクリックするか、＜スタイルを選択＞の一覧で＜初期設定＞を選択します。手順3で＜OK＞をクリックして補正を確定した後で、写真を元に戻したくなった場合は、＜取り消し＞をクリックします。

STEPUP

＜シャドウ・ハイライト＞ダイアログボックスの利用

写真のハイライトやシャドウの明るさは、＜シャドウ・ハイライト＞ダイアログボックスを利用しても、調整することができます。＜シャドウ・ハイライト＞ダイアログボックスでは、スライダーをドラッグする以外に、適用する明るさの程度を数値で指定することもできます。

ダイアログボックスは、＜画質調整＞メニュー→＜ライティング＞→＜シャドウ・ハイライト＞で開きます。

ほかにも＜明るさ・コントラスト＞や＜レベル補正＞をクリックし、ダイアログボックスを表示してこれらの項目について編集することもできます。

1 ＜画質調整＞メニュー→＜ライティング＞→＜シャドウ・ハイライト＞の順にクリックし、

2 目的の項目のスライダーをドラッグして明るさを調整して、

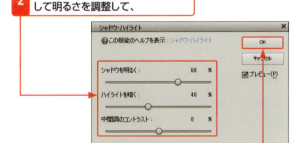

3 ＜OK＞をクリックすると、変更が写真に反映されます。

Section 42 料理をおいしく見せよう

覚えておきたいキーワード
- レンズフィルター
- 調整レイヤー

料理の写真はおいしそうに見せたいものです。**レンズフィルター**機能を使い、料理の色だけではなく器の色などにも注意して補正してみましょう。

Before: 白っぽい色の料理の写真をおいしそうに見せたい。
After: 赤みを加えておいしそうな感じに仕上げた。

1 レンズフィルターで色温度を調整する

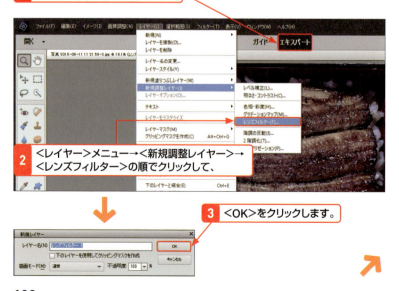

1 <エキスパート>をクリックして、
2 <レイヤー>メニュー→<新規調整レイヤー>→<レンズフィルター>の順でクリックして、
3 <OK>をクリックします。

KEYWORD

レンズフィルターと調整レイヤー

レンズフィルターは「調整レイヤー」というしくみを利用した補正機能です。レイヤーとは複数の画像を層状に重ねるしくみのことで、調整レイヤーは元画像を変化させずに上に重ねた画像で写真の見ばえを調整できます。

レンズフィルターの設定時に、新規レイヤーの作成画面が表示されます。名前などを設定することができますが、特に初期設定から変える必要はありません。

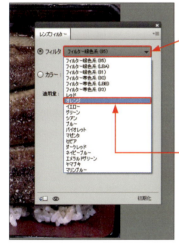

⬇

4 レンズフィルターパネルが表示されます。

5 ここをクリックして、

6 使用するフィルター（HINT参照）を選択します。

⬇

7 写真の色合いが変化しました。

ドラッグして＜適用量＞を調節することができます。

MEMO

レンズフィルターのはたらき

レンズフィルターは、カメラの色付きレンズのような効果をもつ補正機能です。たとえば、赤いフィルターを利用すると、画像全体の赤みをわずかに強めることができます。色みの強さは、レンズフィルターパネルの＜適用量＞のスライダーで調整することができます。

フィルターで写真の雰囲気を変えることができます。

HINT

暖色系のフィルターでおいしそうに見せる

赤や黄色などの暖かみを感じさせる色を「暖色」、青など寒さを感じさせる色を「寒色」と呼びます。暖色を見ると食欲が増しおいしく見えるといわれており、食品写真を暖色に補正するのは人気のあるテクニックです。

料理をおいしく見せよう

4 イメージ通りに補正しよう

Section 43 暗がりで撮影した写真のざらつきを減らそう

覚えておきたいキーワード
- ノイズを低減
- カラーノイズ

夜の屋外や明るさが十分でない室内など、暗がりで撮影した写真は、明るく補正しても全体に**細かなノイズ**が乗ってざらついて見えることがあります。ノイズを減らす機能を使って補正しましょう。

全体に細かく乗ったノイズが気になる。

ノイズを減らして写真を見やすくした。

1 ノイズを減らす機能を利用する

① <フィルター>メニュー→<ノイズ>→<ノイズを低減>の順にクリックすると、

KEYWORD

ノイズを低減

<ノイズを低減>フィルターは写真の上に乗った細かなノイズを消す機能です。強くかけ過ぎると写真の細部がつぶれやすくなるので、全体のバランスを見ながら補正しましょう。

2 ＜ノイズを低減＞ダイアログボックスが表示されます。

3 ノイズが消えるようにスライダーをドラッグし（MEMO参照）。

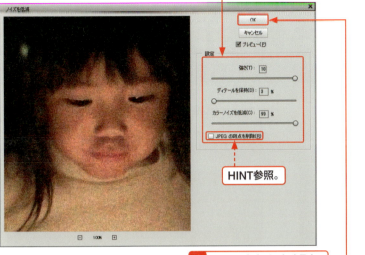

HINT参照。

4 ＜OK＞をクリックすると、

5 ノイズ低減処理が行われ、

6 ノイズが少なくなりました。

MEMO

＜ノイズを低減＞フィルターの設定

＜ノイズを低減＞フィルターは、3つのスライダーで効果を調整します。

① 強さ
　ノイズを消す効果の強さを設定します。

② ディテールを保持
　写真の細部を保持する割合を設定します。0％に近いほどノイズはより消えやすくなりますが、写真の細部が損なわれやすくなります。

③ カラーノイズを軽減
　色付きのノイズを消す効果の強さを設定します。

HINT

JPEGの斑点を削除

JPEG形式で圧縮率を高めて保存すると、ブロックノイズやモスキートノイズと呼ばれる独特の斑点が発生しやすくなります。＜ノイズを低減＞ダイアログボックスで＜JPEGの斑点を削除＞をオンにすると、JPEGのノイズを軽減させることができます。

STEPUP

ノイズを加える

あえてノイズを加えて、写真をユニークに演出することもできます。ノイズを加えるには、＜フィルター＞メニュー→＜ノイズ＞→＜ノイズを加える＞をクリックします。

Section 44 フラッシュによる目の変色を補正しよう

覚えておきたいキーワード
- 赤目修正ツール
- ペットの目

フラッシュを使ったり、強い光源を見つめている被写体を撮影したりした場合、注意しないと瞳が発光して変色してしまいます。変色してしまった瞳は、**赤目修正ツール**を使って修正します。

Before：フラッシュで変色した瞳を黒く戻したい。
After：自然な黒色の瞳になった。

1 赤目修正ツールを使う

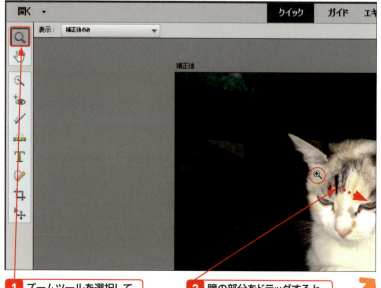

1 ズームツールを選択して、
2 瞳の部分をドラッグすると、

HINT

自動赤目修正

被写体の顔が大きく写り、黒目との境界がはっきりしている場合は、自動赤目修正機能を使うと両目の変色部分を同時に修正できます。自動赤目修正機能を使うには、手順3の画面のツールオプションバーで＜自動補正＞をクリックするか、＜画質調整＞メニューから＜自動赤目修正＞を選択します。

`3` 瞳の部分が拡大表示されます。　`4` 赤目修正ツールを選択して、

MEMO参照。　　HINT参照。　　`5` 変色部分をクリックすると、

MEMO

ペットの赤目

人物写真で目の部分が赤く変色してしまうことを「赤目」といいます。ペットなどの動物の目の構造は人間とは異なり、赤以外にさまざまな色に変色してしまうので、ペットの赤目を修正する場合は、ペット専用の赤目修正ツールに切り替える必要があります。切り替えるには、赤目修正ツールのオプションバーで＜ペットの目＞をオンにします。人間の場合はオフのままで修正できます。

`6` 変色部分が修正されて瞳が黒くなります。

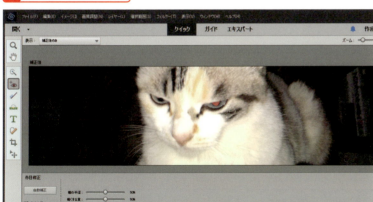

`7` 同様の手順でもう片方の目も修正します。

HINT

うまく修正できない！

変色部分が極端に大きいと修正しきれず、変色部分が一部残ってしまうことがあります。逆に、変色部分や瞳そのものが小さい被写体の場合、まぶたまで黒く修正されてしまうことがあります。このようにうまく修正できない場合は、手順`3`の画面のオプションバーで＜瞳の半径＞や＜暗くする量＞のスライダーをドラッグして、修正の適用範囲や適用量を調整してから、変色部分をクリックします。

フラッシュによる目の変色を補正しよう

4 イメージ通りに補正しよう

Section 45 影で暗くなった部分を明るくしよう

覚えておきたいキーワード
- 覆い焼きツール
- ブラシ

光の加減で暗くなってしまった部分を、ほかに影響を与えずに明るくしたい場合、**覆い焼きツール**を使うのも1つの手です。ドラッグするだけで簡単に明るくなります。

Before：影になっている部分を、
After：覆い焼きツールで明るくした。

1 覆い焼きツールを利用する

1. <エキスパート>をクリックして、
2. スポンジツールを選択し、
3. 覆い焼きツールを選択します。

MEMO

覆い焼きツール

覆い焼きツールは明度を調整するツールです。これを使うと、ドラッグした部分の色を明るくすることができます。
スポンジツールの隠れているツールなので、まずスポンジツールを選んでから選択します。スポンジツールは彩度を調整するツールです。

4 〈サイズ〉のスライダをドラッグして塗りやすい太さにします。

5 明るくしたい部分の上をドラッグすると、

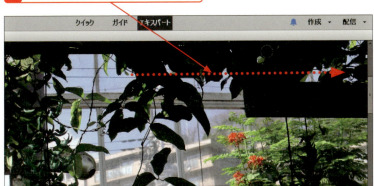

6 ドラッグした部分が明るくなりました。

MEMO

覆い焼きツールの設定

覆い焼きツールのオプションバーでは、ブラシの太さや効果を設定することができます。

①範囲
「中間色」「シャドウ」「ハイライト」のどこに強く効果を与えるのかを設定します。シャドウ、中間色、ハイライトは、写真の暗い部分、中間の明るさ、明るい部分を表します。

②ブラシ
ブラシの種類を選択します。

③サイズ
ブラシの太さを設定します。

④露光量
効果の強さを設定します。

HINT

ドラッグのしすぎに注意

効果はドラッグしたぶんだけ強められます。適用まで多少時差が生じますが、効果の度合いをその都度確認しながら調整していきましょう。

STEPUP

焼き込みツールの利用

焼き込みツール も明度を調整するツールです。こちらは、覆い焼きツールとは逆にドラッグした部分の色を暗くすることができます。

Section 46 写真から必要な部分を切り抜こう

覚えておきたいキーワード
- 切り抜きツール
- 縦横比

写真に不要な部分がある場合や特定の被写体をより大きく見せたい場合は、**切り抜きツール**を利用します。切り抜く際に縦横比も指定できるので、ワイド画面に合わせた画像なども作ることができます。

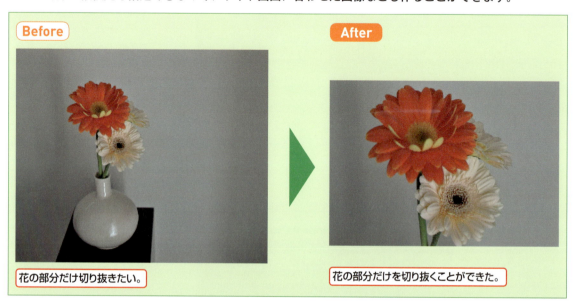

Before：花の部分だけ切り抜きたい。
After：花の部分だけを切り抜くことができた。

1 切り抜きツールで写真を切り抜く

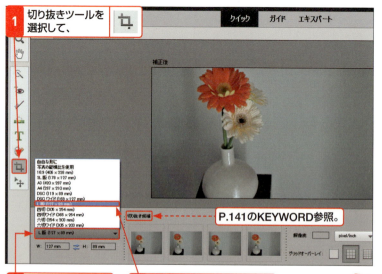

1. 切り抜きツールを選択して、
2. ここをクリックし、
3. 目的のサイズを選択します。

P.141のKEYWORD参照。

MEMO

サイズと解像度の指定

切り抜きツールでは、オプションバーの<幅>と<高さ>、<解像度>で数値を指定して写真を切り抜くと、選択した範囲が指定したサイズと解像度になるよう自動調整されます。写真の必要な部分だけをはがきの大きさにしたい場合などに便利です。
なお、この場合、画像の再サンプル（P.291のKEYWORD参照）が行われるため、画質が劣化することがあります。

4 切り抜きたい範囲を
ドラッグすると、

5 切り抜き範囲を示す枠と
ハンドルが表示されます。

6 四隅のハンドルをドラッグ
してサイズを調整し、

7 枠内をドラッグして
枠の位置を調整して、

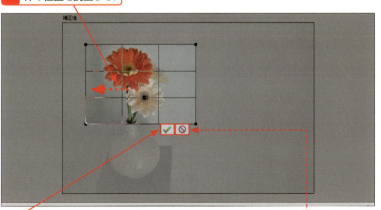

8 ここをクリックして切り抜きを実行します。　　操作を取り消したい場合は、
　　　　　　　　　　　　　　　　　　　　　　　ここをクリックします。

KEYWORD

切り抜き候補

目的のサイズを選択した後、そのサイズに対応した4種類の切り抜き候補がツールオプションバーに表示されます。ここをクリックして切り抜きを行うこともできます。

HINT

縦横比が保持される

サイズや解像度を指定してから写真上をドラッグすると、指定した<幅>と<高さ>の比率を保持して範囲が指定されます。

STEPUP

不要な部分を消去する

切り抜いた範囲に余計なものがどうしても残ってしまう場合は、さらにスポット修復ブラシツールを使って消してみましょう(Sec.47参照)。切り抜く前に消したほうがきれいな仕上がりになることもあります。

Section 47 傷や不要な被写体を消去しよう

覚えておきたいキーワード
スポット修復ブラシツール
コンテンツに応じる

小さな傷やしみ、雰囲気を壊す電柱や看板など、写真に不要なものが写り込んでしまうことがあります。**スポット修復ブラシツール**を使えば簡単に消すことができます。

Before 写り込んでしまった通行人を消したい。

After 通行人の姿を消した写真にできた。

1 スポット修復ブラシツールで自動的に消す

1 スポット修復ブラシツールを選択して、

KEYWORD

スポット修復ブラシツール

スポット修復ブラシツールは、写真から不要な部分を消すツールです。傷、しみ、しわなどの小さなものから、電柱、看板などの大きな物体まで、消したい部分をなぞるだけで自動的に消すことができます。ただし、消す対象が大きい場合や、背景がかなり複雑な場合は、適切に消すことができず、跡が残ってしまうことがあります。

2 ＜コンテンツに応じる＞を選択し、

3 塗りやすいようブラシサイズを調整します。

⬇

4 消したい部分をなぞるようにドラッグして、

⬇

5 マウスボタンから指を離すと、消去が実行されます。

📝 MEMO

コンテンツに応じる

スポット修復ブラシツールのオプションバーでは、消し方を3種類から選ぶことができます。一般的には「コンテンツに応じる」を使います。

① ＜近似色に合わせる＞
　塗りつぶした範囲の周囲にあるピクセルの色を使います。

② ＜テクスチャを作成＞
　塗りつぶした範囲からテクスチャ（模様）を作成し、それを使って消去します。

③ ＜コンテンツに応じる＞
　塗りつぶした対象や背景を自動的に認識して消去します。

📝 MEMO

ブラシの太さを調整する

スポット修復ブラシツールでは、一筆書きのように一気に対象の部分を塗りつぶす必要があります。塗りやすいようにブラシの太さを調整しておきましょう。消す対象から多少はみ出しても構いません。ドラッグ部分はやや暗くなるのでそれで識別します。

⭐ HINT

一度のドラッグで一気に指定する

ドラッグを終了すると、なぞられた範囲内からユーザーが消したいと思っている部分を自動識別して消去します。そのため、消したい部分全体がなぞられていないと、消去の対象を識別できません。なるべく一度のドラッグで、消したい部分全体を塗りつぶすようにします。

2 修復ブラシツールで不要な被写体を消す

1 スポット修復ブラシツールを選択して、
2 修復ブラシツールを選択し、
3 消しやすいようにブラシサイズを調整して、
4 <調整あり>をオンにします（P.145のHINT参照）。

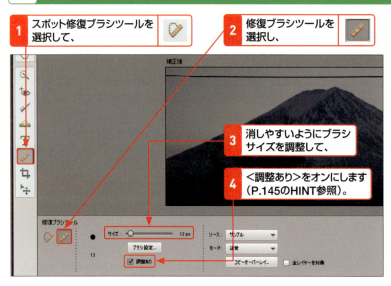

5 Alt（OS Xではoption）を押すとマウスポインターの形がに変わるので、

6 押したままで色をコピーする部分をクリックします。

7 Alt（OS Xではoption）から指を離して消したい部分をドラッグすると、

コピー元が+で表示されます。

KEYWORD

修復ブラシツール

修復ブラシツールは、ほかの部分の色をコピーして不要なものを消すツールです。
コピースタンプツールでも同様の操作を行えますが、修復ブラシツールでは、修復箇所が周囲の色となじむよう自動調整されるため、より自然にキズなどを消すことができます。

MEMO

コピー元を指定する

修復ブラシツールを使うには、最初にコピー元となる場所を指定する必要があります。Alt（OS Xではoption）を押すとマウスポインターの形がに変わるので、コピー元にする場所をクリックします。
なお、コピー元を指定する前にドラッグすると、警告のダイアログボックスが表示されます。

補正後

8 ドラッグした部分がコピー元の色で塗りつぶされます。

HINT
コピー元と修復元の位置関係を維持する

オプションバーの<調整あり>(手順 **4** の画面参照)がオフ☐の場合、ドラッグをいったん中断して修復を再開すると、コピー元は最初に[Alt](OS Xでは[option])+クリックで指定した部分に戻ります。1つの模様を複数個所にコピーしたいときなどに使います。<調整あり>をオン☑にすると、ドラッグをいったん中断して再開しても、コピー元と修復先の相対的な位置関係が保たれるようになります。キズなどを消すときはこの設定を使うほうが一般的です。

STEPUP

被写体を好きな場所に移動させる

エキスパートモードのコンテンツに応じた移動ツール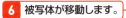を使うと、選択した被写体を写真内の別の場所に移動することができます。移動した被写体の周囲と、元々被写体があった場所は、自然に見えるように自動修正されます。

<エキスパート>をクリックしてエキスパートモードに切り替えます。

1 コンテンツに応じた移動ツールを選択して、

2 <移動>を選択し、

3 移動させる被写体を囲むようにドラッグします。

4 囲んだ被写体を移動先にドラッグ&ドロップし、

5 ここをクリックすると、

6 被写体が移動します。

元の場所が周囲になじむように塗りつぶされます。

Section 48 傾いてしまった写真をまっすぐにしよう

覚えておきたいキーワード
ガイドモード
回転と角度補正

意図せず被写体が傾いた状態で撮影してしまうと、構図にしまりのない写真になってしまいます。写真が傾いているときは、ガイドモードの「回転と角度補正」を使って修正しましょう。

Before 写真が傾いてしまった。
After まっすぐきれいな写真にできた。

1 ガイドモードに切り替える

1 ＜ガイド＞をクリックします。

KEYWORD

ガイドモード

ガイドモードは、操作を完全にマスターしていない人でも目的を達成できるよう、ガイドの指示に沿って操作する編集画面です。用意されているガイドは、「基本」「カラー」「白黒」「楽しい編集」「特殊編集」「Photomerge」の6つのカテゴリに分類されています。

2 ガイドモードに切り替わります。

3 スクロールして、

4 ＜回転と角度補正＞をクリックすると、

5 「回転と角度補正」のガイドが表示されます。

HINT

マウスホバーで効果を確認

サムネールにマウスをかざすと、補正前／補正後を確認することができます。

KEYWORD

回転と角度補正

手ぶれなどにより傾いてしまった写真の角度補正は、ガイドモードの「回転と角度補正」に用意されているツールを使って修正できます。基準となる水平線を画像に引き、その線に合わせて画像が回転し、自動的に補正されます。また、横画像を縦画像にしたりなど、画像を90度回転させるときにも使用できます。

2 角度を補正し、保存する

1 ＜角度補正ツール＞をクリックし、

2 ＜エッジを自動的に塗りつぶし＞をオンにします（MEMO参照）。

3 水平の線となる基準をドラッグすると、

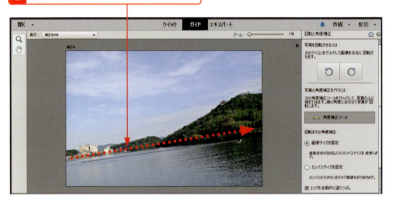

4 線を基準に写真の傾きが補正されます。

HINT参照。

5 ＜次へ＞をクリックします。

MEMO

エッジを自動的に塗りつぶし

手順2で＜エッジを自動的に塗りつぶし＞をオンにして手順を進めると、本来は下図のように傾きを補正するため写真を回転したぶん、周囲にできるはずの余白が、元写真になじむように塗りつぶされます。このセクションで使用した写真のように元写真の四隅が空や地面などのあまり複雑ではない被写体の場合、より自然に余白が塗りつぶされます。

HINT

操作のキャンセル

ガイドモードでの操作を途中でやめたい場合は＜キャンセル＞をクリックします。画像が保存されることなく、P.147手順2の画面に戻ります。

<別名で保存>をクリックすると、

MEMO参照。

MEMO

続きを違うモードで編集する

左の画面で<クイック>あるいは<エキスパート>をクリックすると、それぞれのモードで引き続き編集を行うことができます。

 <名前を付けて保存>ダイアログボックスが表示されます。

 保存先の指定や名前の入力などを行い、

9 <保存>をクリックします。

HINT

エキスパートモードの利用

エキスパートモードの角度補正ツールアイコンでも、角度の補正を行うことができます。オプションバーを使用することで、角度を補正したときにできる余白の処理を選択することもできます。

10 <完了>をクリックすると、

11 P.147手順2の画面に戻ります。

<クイック>や<エキスパート>をクリックして編集が続けられます。

HINT

写真を閉じる

写真をそのまま閉じるには、手順11の画面で写真のサムネールを右クリックし、表示されるメニューから<閉じる>を選択します。

Section 49 古い写真をきれいにしよう

覚えておきたいキーワード
ガイドモード
古い写真の復元

フィルムカメラ時代の古い写真も、スキャナなどでパソコンに取り込めば、劣化を食い止めることができます。写真の傷みが激しい場合は、ガイドモードの「古い写真の復元」を使って修正しましょう。

Before：キズや退色が目立つ古い写真を復元したい。
After：修正してきれいに仕上げることができた。

1 「古い写真の復元」を利用する

写真をスキャナで取り込んで、Elements Editorで開いておきます。

1 <ガイド>をクリックして、
2 <特殊編集>をクリックし、
3 <古い写真の復元>をクリックすると、

HINT

古い写真のデジタル化

フィルム時代の古い写真も、スキャナで取り込んでデジタル化してしまえば、Elements Editorでさまざまな補正や加工を行うことができます。最近のプリンターはスキャナが一体型のものも珍しくありません。手元にスキャナが無い場合は、コンビニエンスストアなどのスキャンサービスを利用してもよいでしょう。また、自分で行うことが難しい場合は、カメラのプリントショップでも同様のサービスを行っています。

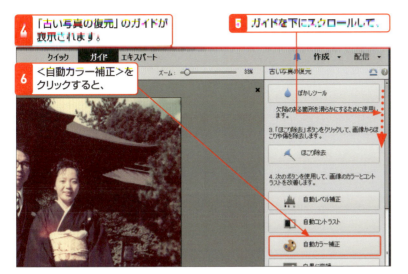

KEYWORD

古い写真の復元

古い写真の黄ばみや色あせ、キズやホコリなどは、ガイドモードの「古い写真の復元」に用意されている各種ツールを使って修正できます。ここでは、カラー写真の黄ばみや退色をなくす「自動カラー補正」、写真全体のゴミをまとめて取り除く「ほこり除去」、細かいキズなどを隠す「スポット修復ツール」を使って古い写真を復元します。

MEMO

カラー写真の補正

＜自動カラー補正＞をクリックすると、写真の黄ばみや退色を簡単に補正することができます。モノクロ写真の場合は、その下の＜モノクロバリエーション＞をクリックし、表示される＜モノクロバリエーション＞ダイアログボックスで色みを調整します（Sec.52参照）。

HINT

＜自動レベル補正＞の利用

＜自動カラー補正＞で黄ばみや退色を修正してから、さらに＜自動レベル補正＞を使用すると、明暗の強さや中間調の色合いが自動的に修正されるので（P.101のMEMO参照）、写真全体の色合いが自然な印象になります。

2 キズやゴミをまとめて取り除く

1 ＜ほこり除去＞をクリックすると、

2 「ダスト＆スクラッチ」ダイアログボックスが表示されます。

3 ゴミやキズを取り除く効果の強さを指定して、

4 ＜OK＞をクリックすると、

5 写真全体のゴミやキズが目立たなくなります。

MEMO

ほこり除去

「古い写真の復元」の＜ほこり除去＞をクリックすると、写真の精細さを低減させて、写真に付着した細かいキズやゴミなどを目立たないようにします。効果は写真全体に均等に適用されるので、極端に大きい、あるいは小さいキズやゴミは、残ってしまうことがあります。そのような場合は、「古い写真の復元」に用意されているスポット修復ツールや修復ブラシツールなどを使って個別に修正しましょう。

HINT

ピンぼけしたようになってしまった！

＜ほこり除去＞による修正では写真の精細さが低減するので、被写体によっては輪郭や細部がぼやけてしまうことがあります。不明瞭な部分が気になるようであれば、「古い写真の復元」に用意されているシャープツールを使って、輪郭や細部をはっきりさせます。

MEMO

手動でゴミを取り除く

＜ほこり除去＞を使っても取り切れない小さなゴミやキズは、スポット修復ブラシツール（P.142参照）を利用して除去します。スポットブラシ修復ツールの＜コンテンツに応じる＞を選択すると、写真上をクリックした場所の周囲になじむようにゴミやキズが塗りつぶされます。

3 細かいキズやゴミを取り除き、保存する

1 ガイドを上にスクロールして
＜スポット修復ツール＞をクリックし、

2 ＜ツールオプション＞をクリックし、

HINT参照。

3 ＜近似色に合わ…＞を選択します。

4 キズのある部分をドラッグすると、

5 キズが消えます。

6 ＜次へ＞をクリックして保存します（P.148参照）。

MEMO

そのほかのツールを使う

「古い写真の復元」には、ここまで紹介してきたもののほか、次のツールが用意されています。

①切り抜きツール
　写真の不要部分を切り落とします（Sec.46参照）。
②修復ブラシツール
　大きいキズやゴミを除去します（P.144参照）。
③コピースタンプツール
　画像の一部をほかの部分にコピーします。
④ぼかしツール
　境界線を滑らかにします。

HINT

ブラシの太さを調整する

スポット修復ブラシツールでは、一筆書きのように一気に対象の部分を塗りつぶす必要があります。塗りやすいようにブラシの太さを調整しておきましょう。消す対象から多少はみ出しても構いません。

Section 50 写真の幅を自然に縮めよう

覚えておきたいキーワード
- 再構築ツール
- 保護対象として設定

写真の幅を詰める場合、普通なら端を切り落とすか変形させて縮めるなどの無理な編集をすることになります。**再構築ツール**を使うと、自然な状態のまま幅を詰めることができます。

Before：被写体は変形させずに写真を小さくしたい。
After：目立たないように幅を詰めることができた。

1 再構築ツールで保護したい部分を指定する

1 <エキスパート>をクリックして、

2 再構築ツールを選択し、

KEYWORD

再構築ツール

再構築ツールでは、変形させたくない部分をドラッグして指定してから、写真全体のサイズを変更します。保護した部分は変形せずに位置だけがずらされるため、違和感の少ないサイズ変更をすることができます。

3 <保護対象として設定>を
クリックし（MEMO参照）。

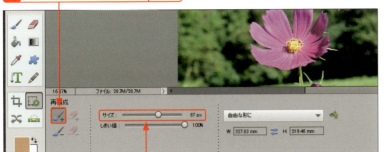

4 ブラシサイズを
調整します。

5 保護したい部分をドラッグ
すると、緑色でハイライト
されます。

6 ドラッグを繰り返して、保護したい部分
すべてをハイライトさせます。

MEMO

保護ブラシの利用

ツールオプションバーで<保護対象として設定>をクリックすると、保護ブラシに切り替わります。保護ブラシで写真上をなぞって緑色にハイライトさせると、その部分は変形しなくなります。

HINT

緑のハイライトを消すには？

誤って保護したくない部分まで塗ってしまった場合は、<保護対象として設定されているハイライトを消去>をクリックしてから、消去したいハイライト上をなぞって消去します。

HINT

変形してもいい部分を指定する

<削除対象として設定>をクリックすると削除ブラシに切り替わります。削除ブラシでなぞられた部分は赤くハイライトされ、その部分は大きく変形するようになります。場合によっては写真上から消えてしまうこともあります。

2 写真の幅を縮める

1 マウスカーソルを写真の端に合わせてハンドルをドラッグすると、

2 保護したい部分はそのままに写真のサイズが変わります。

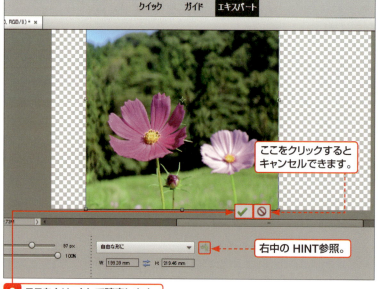

ここをクリックするとキャンセルできます。

右中の HINT 参照。

3 ここをクリックして確定します。

MEMO

写真のサイズを変更する

再構築ツールの選択中に写真の周囲に表示されているハンドルをドラッグすると、写真のサイズを変更することができます。サイズを変更すると下に2つのボタンが表示されるので、再構築を実行したい場合は✓を、キャンセルしたい場合は◯をクリックします。

HINT

人物の顔をすばやく保護するには？

再構築ツールのオプションバーの＜肌色をハイライトします＞をクリックすると、写真の肌色の部分が保護された状態（緑色でハイライトされた状態）になります。ただし、服や髪などは保護されないため、そのまま変形すると意図通りの結果にならないことがあります。

HINT

透明な部分ができる

再構築ツールで写真のサイズを変更すると、周囲に透明な領域ができます。その領域が不要なら、切り抜きツールなどを使って切り抜きます（Sec.46参照）。

第5章
写真を加工して雰囲気を変えよう

Section
- 51 写真の雰囲気をワンタッチで変化させよう
- 52 写真をモノクロにしよう
- 53 色を一部置き換えよう
- 54 コミック風の効果を付けよう
- 55 光の反射を加えよう
- 56 一部分だけ色を残した写真に加工しよう
- 57 写真に幻想的な効果を加えよう
- 58 ミニチュア模型のように加工しよう
- 59 トイカメラ風の写真にしよう
- 60 注目したい部分だけにピントを合わせよう
- 61 水面に反射したような写真に加工しよう
- 62 被写体が飛び出すように見える加工をしよう
- 63 写真を枠から飛び出させよう
- 64 撮影時の天候をイメージ通りに変えよう
- 65 水彩画風に加工しよう
- 66 被写体の周囲をきれいにぼかしてみよう
- 67 写真に模様を付けよう
- 68 写真に文字を加えてみよう
- 69 写真を使って文字を作ろう
- 70 写真を型抜きしよう

Section 51 写真の雰囲気をワンタッチで変化させよう

覚えておきたいキーワード
- 効果パネル
- フレームパネル

効果パネルと**フレームパネル**を利用すると、写真を上品なセピア色に変えたり、枠線を付けたりできます。サムネールをクリックするだけで、写真を劇的に変化させることができます。

1 効果を利用する

写真をクイックモードで開いておきます。

1 ＜効果＞をクリックすると、
2 効果パネルが表示されます。

3 効果のサムネールをクリックすると、
4 効果が適用されて写真が変化します。

クリックするとさらに効果を調整できます。

MEMO

効果の利用

クイックモードの効果パネルには、10種類の効果が用意されています。効果は写真を独特な色合いに変える、中心付近を明るくしつつ、写真の四隅を暗くするなど、複数の補正をまとめて適用し、写真の見た目を劇的に変化させるものです。
なお、エキスパートモードでも効果パネルは利用できますが、用意されている効果の種類はクイックモードのものとは異なります。

HINT

効果は重ねて設定できない

効果パネルから複数の効果を連続して選択しても重ねがけはされず、最後に選択した効果だけが適用されます。
ただし、適用後にほかの機能を使用したり、編集画面を切り替えたりしてから再度効果パネルに戻った場合は、効果が一度確定され重ねがけできてしまいます。重ねがけしたくない場合は、先に＜取り消し＞をクリックして前の効果を取り消してください。

2 フレームを付ける

1 ＜フレーム＞をクリックすると、
2 フレームパネルが表示されます。

3 フレームのサムネイルをクリックすると、
4 写真にフレームが付きます。
5 写真周囲のハンドルをドラッグすると、
MEMO参照。

6 写真の大きさが変わります。
7 ここをクリックして確定します。
写真上をドラッグすると、写真の表示位置を移動できます。

MEMO

テクスチャパネルの利用

＜テクスチャ＞をクリックすると、テクスチャパネルが表示されます。テクスチャパネルには全10種類のテクスチャ（模様）が用意されていて、いずれかのサムネールをクリックすると、写真全体が半透明のテクスチャに覆われます。写真にユニークな印象を加えたいときに利用しましょう。

テクスチャを適用した写真

HINT

写真の拡大／縮小、回転、移動

フレームを設定した写真をダブルクリックすると写真が選択され、周囲にハンドルが表示されます。ハンドルをドラッグすると写真を拡大／縮小できます。また、写真上をドラッグすると写真はフレーム内で移動します。さらに、回転ハンドルをドラッグすると、写真を回転させることができます。

写真を回転できます。

Section 52 写真をモノクロにしよう

覚えておきたいキーワード
モノクロバリエーション
グレースケール

カラー写真から色を取り除いて**モノクロ写真**を作ることができます。どの色をどのように単色の濃淡に置き換えるかを指定して、注目させたい部分が目立つようにしましょう。

Before：モノクロ写真にしたい。
After：イメージ通りのモノクロ写真を作ることができた。

1 モノクロバリエーション機能を利用する

1 <画質調整>メニュー→<モノクロバリエーション>の順にクリックすると、

KEYWORD

モノクロ

「モノクロ」とは、色や明るさを白と黒の2色で表す画像のことです。モノクロには、完全な白と黒のみで表現する「モノクロ2階調」と、白から黒までを256階調のグレーで表現する「グレースケール」があります。モノクロバリエーション機能で作成するモノクロ写真は、グレースケールです。
なお、ガイドモードを使用すれば一部だけ色を残したモノクロ写真に加工することも可能です（Sec.56参照）。

2 <モノクロバリエーション>ダイアログボックスが表示されます。

自動的に<風景>スタイルが適用されたイメージが表示されています。

<初期化>をクリックすると最初の状態に戻すことができます。

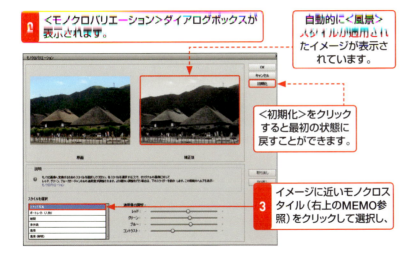

3 イメージに近いモノクロスタイル（右上のMEMO参照）をクリックして選択し、

4 適用量を調整します（右下のMEMO参照）。

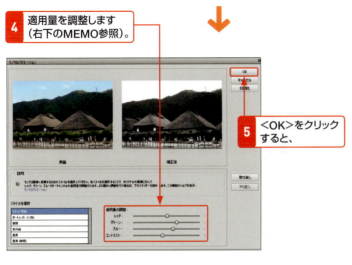

5 <OK>をクリックすると、

6 モノクロ写真が完成しました。

MEMO

スタイルの選択

<モノクロバリエーション>ダイアログボックスでは、人物写真や風景写真などのスタイルを選択し、適切な濃淡のモノクロ写真を作成することができます。なお、左図の例では<スナップ写真>を選択しています。

HINT

セピア調の写真を作るには

セピアカラーなど白黒以外の単色の写真にしたい場合は、<画質調整>メニュー→<カラー>→<色相・彩度>の順にクリックします。<色相・彩度>ダイアログボックスが表示されるので、<色彩に統一>をオン☑にすると、単色の写真になります。<色相>をスライドして色を調整しましょう。

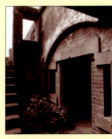

セピア調の写真にします。

MEMO

適用量の調整

<モノクロバリエーション>ダイアログボックスでは、元の写真の赤、緑、青のうち、強調したい、もしくは抑えたい色を個別に調整して、モノクロ写真の仕上がりを微調整することができます。また、コントラストも調整できます。

Section 53 色を一部置き換えよう

覚えておきたいキーワード
- 色の置き換え
- 色相

色の置き換え機能を利用すると、写真内の特定の色の色相・彩度・明度を調整できます。花の色を現実とはまったく違う色に変えてしまうなどの加工に利用できます。

Before：花びらの色だけを変えたい。
After：花びらの色だけピンクに変えることができた。

1 色の置き換え機能を利用する

1 <画質調整>メニュー→<カラー>→<色の置き換え>の順にクリックすると、

KEYWORD

色の置き換え

色の置き換え機能は、似た色の範囲を選択する「自動選択ツール」と「色相・彩度」が組み合わせられた機能です。似た色の範囲を選択して明るさや鮮やかさを変更できます。また、色相を変更すると色そのものを変えることもできます。

写真を加工して雰囲気を変えよう

2 <色の置き換え>ダイアログボックスが表示されます。

HINT参照。

3 マウスポインタが☒に変わるので、置き換えたい部分をクリックします。

4 <結果>をクリックして、

5 置き換えたい色をクリックすると、

6 手順3でクリックした部分と同じ色が変化します。

7 <許容量>のスライダーを右にドラッグすると、色の変わる範囲が増えます（MEMO参照）。

8 <OK>をクリックします。

9 色を変えた画像が完成しました。

KEYWORD

色相

色相とは、赤や青といった色みの違いです。色は、色相、彩度、明度の三要素で構成されていますが、そのうち色相を変えると最も見た目のイメージが変わります。

HINT

色の範囲を追加する

<許容値>の調整だけで置き換えたい領域が選べない場合は、複数の色を指定することもできます。<サンプルに追加>をクリックしてから写真上をクリックすると、その部分の色を追加することができます。また、<サンプルから削除>をクリックしてから写真上をクリックするとその部分の色を取り除くことができます。

MEMO

許容量の設定

<色の置き換え>ダイアログボックスの<許容量>は、「似た色」と見なす色の範囲を決める設定です。大きくするほど選択される範囲は増えますが、色を変えたくない部分まで変わってしまうことがあります。実際の写真を見ながら注意して調整してください。

Section 54 コミック風の効果を付けよう

覚えておきたいキーワード
- フィルター
- コミック

＜フィルター＞メニューには、写真を加工するためのフィルターがまとめられています。ここでは、フィルターの「コミック」を使って写真をユニークな雰囲気に仕上げる方法を解説します。

Before：普通のスナップ写真を派手にしたい。
After：派手なコミック風に変化させることができた。

1 「コミック」フィルターを適用する

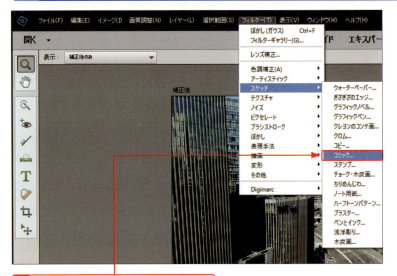

1 ＜フィルター＞メニュー→＜スケッチ＞→＜コミック＞の順にクリックすると、

KEYWORD

フィルター

フィルターとは、写真にさまざまな特殊効果を与える機能です。簡単に写真を変化させることができる点で効果（P.158参照）と似ていますが、フィルターはフィルターごとに用意されたダイアログボックスで特殊効果の効き目を細かく調整できる点が異なります。フィルターはメニューから選択できるほか、エキスパートモードのフィルターパネルから選択することもできます。

2 <コミック>ダイアログボックスが表示されます。

3 <プリセット>から変更したい色調をクリックして、

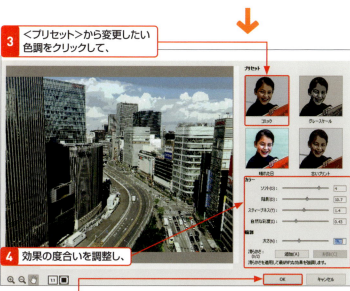

4 効果の度合いを調整し、

5 <OK>をクリックします。

6 コミック調の色合いになりました。

MEMO

「コミック」フィルター

「コミック」は、被写体をペンで描いたようなくっきりした輪郭にして、写真全体の色合いも大きく変化させることで、コミックの一場面のように仕上げることができるフィルターです。<コミック>ダイアログボックスでは、<プリセット>で色調を選び、<カラー>の各スライダーをドラッグして効果の度合いを微調整します。<輪郭>の<太さ>のスライダーをドラッグすると、輪郭を描くペンの太さを変化させることができます。

MEMO

写真をポップアート風にする

フィルターの「コミック」のように写真にユニークな特殊効果を与えることができるのが、ガイドモードの「ポップアートを作成」です。この効果を利用するには、ガイドモードの「楽しい編集」にある<ポップアートを作成>をクリックします。

ポップアートの仕上がりは2種類のスタイルから選択できます。

Section 55 光の反射を加えよう

覚えておきたいキーワード
- 描画
- 逆光

＜フィルター＞メニューの「逆光」を使用すると写真に光源を加えることができます。風景写真に逆光を加えたいときや、写真に輝きを出したいときに便利です。

Before: 薄暗い写真に輝きを与えたい。
After: 光源を加えて力強い逆光の写真にできた。

1 「逆光」フィルターを適用する

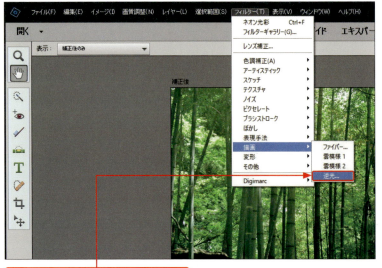

1 ＜フィルター＞メニュー→＜描画＞→＜逆光＞の順にクリックすると、

KEYWORD

「逆光」フィルター

「逆光」は、逆光での撮影時にレンズに光が当たって光源が加えられる、逆光効果を再現できるフィルターです。光源の強さやレンズの種類を調整することができます。

光源は複数追加できます。

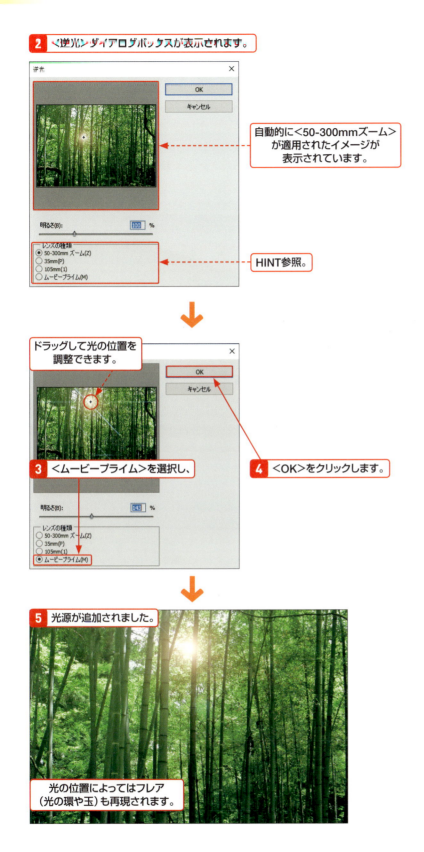

レンズの種類の選択

ズの種類は、「50-300mmズーム」「35mm」「105mm」「ムービープライム」の4種類から選択することができます。

50-300mmズーム

35mm

105mm

ムービープライム

Section 56 一部分だけ色を残した写真に加工しよう

覚えておきたいキーワード
- ガイドモード
- 白黒：カラーの強調

モノクロ写真に一部だけ色を残して、おしゃれな雰囲気の写真を作ることも可能です。最初に色を残したい部分を選択して反転させ、周囲の色を削除します。

Before：一部の色を強調した写真にしたい。
After：モノクロと組み合わせることで雰囲気が出た。

1 「白黒：カラーの強調」を利用する

写真をElements Editorで開いておきます。

1. <ガイド>をクリックして、
2. <白黒>をクリックし、
3. <白黒：カラーの強調>をクリックすると、

KEYWORD

白黒：カラーの強調

「白黒：カラーの強調」を利用すると、単一の色を残したままほかの色の彩度を下げた写真を作ることができます。残す色は、初期設定の4色（レッド、イエロー、ブルー、グリーン）を使用することも、オプションでほかの色を追加することも可能です。

4 「白黒：カラーの強調」の
ガイドが表示されます。

5 残したい色に近いカラーを
クリックすると（HINT参照）、

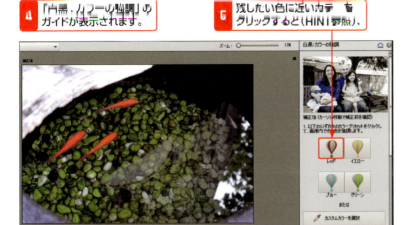

6 ほかの部分がモノクロになります。

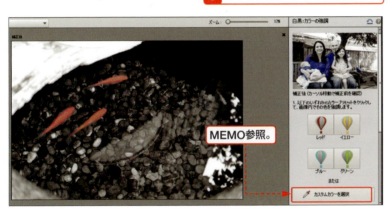

MEMO参照。

7 ＜彩度を上げる＞をクリックして
色を強調します。

8 一部だけ色を残し全体がモノクロになりました。

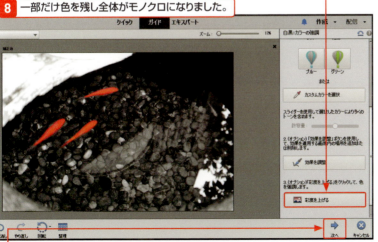

9 ＜次へ＞をクリックして保存します（P.148参照）。

HINT

手動でカラーを選択する

ガイドにはレッド・イエロー・ブルー・グリーンのプリセットがあらかじめ用意されていますが、自分で好きな色を選択したい場合は＜カスタムカラーを選択＞をクリックし、カラーピッカーツールで写真から色を拾います。

MEMO

効果の調整

＜効果を調整＞をクリックして表示されるブラシで、範囲を追加または削除することができます。この場合の「追加」はカラーを適用する範囲を追加するという意味です。

56 一部だけ色を残した写真に加工しよう

5 写真を加工して雰囲気を変えよう

169

Section 57 写真に幻想的な効果を加えよう

覚えておきたいキーワード
- オートン効果
- 高感度フィルム効果

ガイドモードの**オートン効果**を使うと、写真全体がかすみがかったような、ふわっとした幻想的な雰囲気にすることができます。

Before: スナップ写真に幻想的な効果を与えたい。
After: 幻想的な雰囲気にできた。

1 オートン効果を利用する

写真をElements Editorで開いておきます。

1 <ガイド>をクリックして、
2 <特殊編集>をクリックし、
3 <オートン効果>をクリックすると、

P.171のSTEPUP参照。

KEYWORD

オートン効果

オートン効果は、ぼかしとノイズを加えて明るさを増すことで、写真に夢の中にいるような幻想的な雰囲気を与えます。写真家のマイケル・オートンが考案した銀塩写真向けの技法を再現したものです。

5 <オートン効果を追加>を
　クリックすると、

6 写真のコントラストが高まり、
　きめが粗くなります。

7 3つのスライダーで
　効果を調整すると、

8 幻想的な写真が完成しました。

9 <次へ>をクリックして保存します（P.148参照）。

MEMO

オートン効果の調整

オートン効果の度合いは、＜ぼかしを強める＞、＜ノイズを強める＞、＜明るさを適用＞の3つのスライダーを左右にドラッグして調整することができます。右にドラッグするほど効果が強まりますが、強くしすぎると写真が見にくくなってしまいます。

STEPUP

＜カラー＞の高感度フィルム効果

＜カラー＞の高感度フィルム効果を利用すると、高感度フィルムで撮影したようにくっきりした鮮やかな写真にすることができます。ふわっとさせるオートン効果の逆の効果といえます。

高感度フィルム効果で
くっきりさせます。

Section 58 ミニチュア模型のように加工しよう

覚えておきたいキーワード
- チルトシフト
- ピント

チルトシフトを利用すると、写真のピントが合っている部分とそうでない部分の差を極端にして、ミニチュアに見えるように加工できます。

Before：風景写真をミニチュアのように見せたい。
After：ミニチュアのようなスケール感ができた。

1 チルトシフトを利用する

写真をElements Editorで開いておきます。

1. <ガイド>をクリックして、
2. <特殊編集>をクリックし、
3. <チルトシフト>をクリックすると、

KEYWORD

チルトシフト

チルトシフトは、狭い範囲以外をわざとピンぼけ状態にすることで、写真をミニチュア模型のように見せる機能です。

4 「チルトシフト」のガイドが表示されます。

5 <チルトシフトを追加>をクリックすると、

6 チルトシフト効果が与えられます。

7 <焦点領域の変更>をクリックし、

8 ピントを合わせたい領域をドラッグすると、

9 そこだけがピントが合った状態になります。

10 <効果を調整>をクリックし効果を微調整すると（HINT参照）、

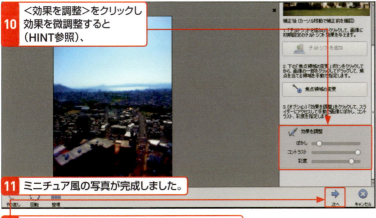

11 ミニチュア風の写真が完成しました。

12 <次へ>をクリックして保存します（P.148参照）。

MEMO

焦点領域の設定

チルトシフトでは、一部を除いてすべてぼかされた状態にします。そのためにピントを合わせる部分を指定する必要があります。焦点の中心にしたい場所から外に向けてドラッグすると、それを半径とした円形の焦点領域（ピントの合う範囲）が設定されます。

HINT

効果を調整する

<効果を調整>をクリックすると、チルトシフトのぼかし量や、コントラスト、彩度などを調整できます。写真のコントラストと彩度を上げると、よりミニチュア模型らしくなります。

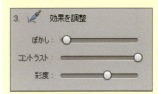

Section 59 トイカメラ風の写真にしよう

覚えておきたいキーワード
- ロモカメラ効果
- ビネット効果

ガイドモードの**ロモカメラ効果**を使って、トイカメラで撮影したような独特の味わいのある写真に加工してみましょう。写真にレトロな雰囲気を出したいときなどに効果的です。

Before: レトロな雰囲気に加工したい。
After: トイカメラ風のレトロでチープな雰囲気にできた。

1 ロモカメラ効果を利用する

写真をElements Editorで開いておきます。

1. ＜ガイド＞をクリックして、
2. ＜カラー＞をクリックし、
3. ＜ロモカメラ効果＞をクリックすると、

KEYWORD

ロモカメラ効果

おもちゃのようなカメラとして知られるトイカメラは、チープな材質や構造のために画質が劣化しやすいのですが、それが逆に独特の味わいがあるとして人気を集めています。ガイドモードのロモカメラ効果では、写真を変色させて周辺を暗くすることでトイカメラ風に加工します。

「ロモカメラ効果を作成」のガイドが表示されます。

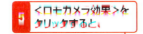<ロモカメラ効果>をクリックすると、

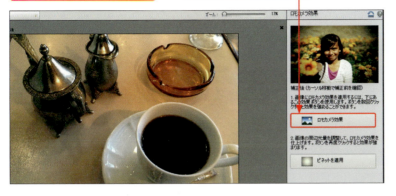

6 写真が黄色く退色した感じになります。

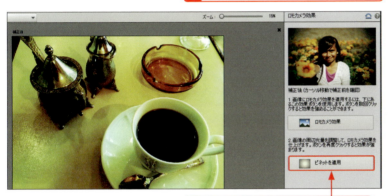

7 <ビネットを適用>をクリックすると、

8 写真の周辺が黒くなります。

9 トイカメラ風に加工できました。

10 <次へ>をクリックして保存します（P.148参照）。

HINT

ロモカメラ効果を強める

ロモカメラ効果を強めたい場合は、<ロモカメラ効果>を再度クリックするごとに効果は強くなります。

KEYWORD

ビネット効果

ビネット効果とは、写真の周辺部分をぼかす効果のことでトンネル効果とも呼ばれています。周辺部分を暗くすることで、独特のトンネルの中から外を見たような影のある写真を表現しています。

STEPUP

ビネット効果だけを付ける

ガイドモードで<ビネット効果>をクリックしてガイドに従って編集すると、ロモカメラ効果は適用せずに写真にビネット効果だけを与えることができます。

ビネット効果だけを付けられます。

Section 60 注目したい部分だけにピントを合わせよう

覚えておきたいキーワード
- ガイドモード
- 被写界深度

ガイドモードの「被写界深度」機能は、注目させたい部分以外をぼかす機能です。ピントが合った部分だけに自然と視線が集まる印象的な写真になります。

Before：あんみつにフォーカスをあてたい。
After：あんみつだけにピントを合わせることができた。

1 被写界深度機能を利用する

写真をElements Editorで開いておきます。

1. <ガイド>をクリックして、
2. <特殊編集>をクリックし、

3. <被写界深度>をクリックすると、

KEYWORD

被写界深度

「被写界深度」とは、ピントが合っているように見える範囲のことです。被写界深度が深い写真では、近くの物体から遠くの物体までぼやけずに映ります。被写界深度が浅い写真では、ピントを合わせた部分以外はぼやけて映ります。つまり、ガイドモードの「被写界深度機能」は、ぼかし機能を使って「被写界深度が浅い写真」に加工する機能となります。

4 「被写界深度」のガイドが表示されます。

5 <カスタム>をクリックして、

6 <クイック選択ツール>をクリックし、

7 ピントを合わせたい部分だけを選択して、

8 <ぼかしを追加>をクリックします。

9 ぼかしの度合いを調整すると、

10 ピントを調整した写真が完成しました。

11 <次へ>をクリックして保存します（P.148参照）。

MEMO

シンプルとカスタム

被写界深度の設定方法には、シンプルとカスタムの2種類があります。シンプル設定ではドラッグして円形の範囲を指定し、範囲以外をぼかします。カスタム設定では、クイック選択ツールを使って複雑な形の対象物を選択することができます。

MEMO

クイック選択ツール

クイック選択ツールは、選択したい部分をドラッグすると、自動的に輪郭を判断して選択する機能です。複雑な形の被写体を簡単に選択できます（P.218参照）。

HINT

選択範囲の調整

クイック選択ツールのツールオプションバーで、ドラッグした部分を選択範囲にどう反映させるかを選ぶことができます。

①新規選択
　現在の選択を解除して新たな選択を開始します。自動的に「追加」に切り替わります。

②追加
　現在の選択範囲に追加します。

③現在の選択範囲から削除
　ドラッグした部分を選択範囲から削除します。

Section 61 水面に反射したような写真に加工しよう

覚えておきたいキーワード
- ガイドモード
- 反射

ガイドモードの「反射」を使うと、鏡や水面に反射したような画像を簡単に作ることができます。ぼかしやゆがみを調整して、よりリアルに仕上げることができます。

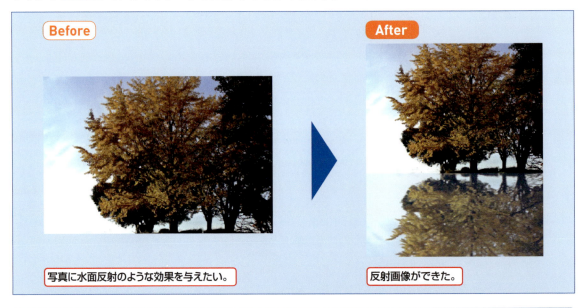

Before：写真に水面反射のような効果を与えたい。
After：反射画像ができた。

1 反射画像を作成する

写真をElements Editorで開いておきます。

1. ＜ガイド＞をクリックして、
2. ＜楽しい編集＞をクリックし、
3. ＜反射＞をクリックすると、

KEYWORD

反射

ガイドモードの「反射」機能では、写真を複製して上下反転させ、水面や鏡に反射した画像を作り出します。

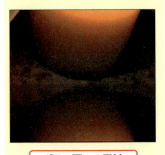

ガラス面への反射

4 「反射を作成」のガイドが表示されます。

5 <反射を追加>をクリックすると、

6 反射画像が作成されます。

7 <スポイトツール>をクリックして、

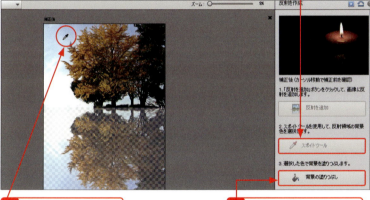

8 写真上をクリックして背景色を選び、

9 <背景の塗りつぶし>をクリックすると、

10 反射画像に色が付きます。

HINT

ガイドモードの画面構成

ガイドモードでは、クイックモードに似たシンプルな画面構成となり、ツールボックスにはズームツールと手のひらツールしかありません。

MEMO

その他のユニークな効果

ガイドモードの「楽しい編集」では、誌面で紹介しているもの以外にも、ユニークで高度な効果が用意されています。下図は「効果のコラージュ」の例です。画像を自動的に分割しそれぞれに異なる効果を与えることで、アート性の高い画像に簡単に加工できます。

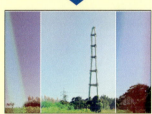

MEMO

背景の塗りつぶし

追加した反射画像は、最初半透明になっているので、背景を塗りつぶすことで鏡面や水面に近付けます。<スポイトツール>をクリックして写真上から色を選び、<背景の塗りつぶし>をクリックして塗りつぶしを実行します。

2 反射をリアルに仕上げる

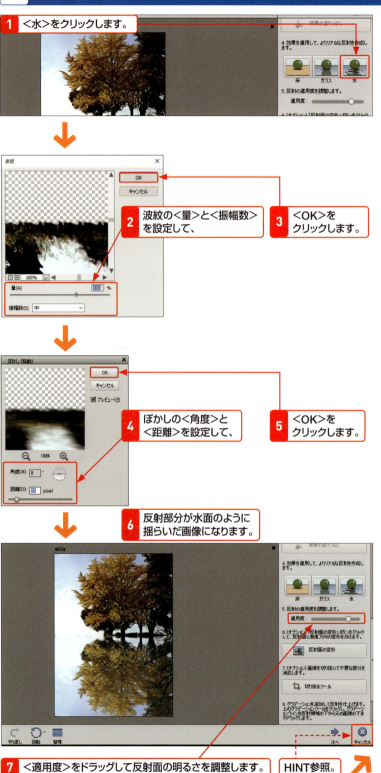

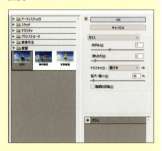

STEPUP

よりリアルな反射

手順1で＜水＞をクリックした場合、水面に似せるために波紋フィルターの設定画面が表示され、続いてぼかしフィルターの設定画面が表示されます。＜床＞をクリックした場合はぼかしフィルターの設定画面のみが表示されます。＜ガラス＞をクリックした場合は、ガラスフィルターの設定画面が表示され、鏡面のようなゆがみや霜などを付けることができます（下図参照）。

HINT

設定をやり直したいときは？

「水面」の設定をした後で「ガラス」に変えたくなった場合など、ガイドの途中の操作をやり直したいときは、＜取り消し＞をクリックして取り消してから再度設定します。もし、うまく設定できなくなってしまった場合は、ガイドの下に表示されている＜キャンセル＞をクリックして、最初からやり直しましょう。

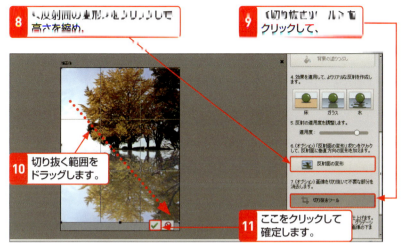

MEMO

反射面の変形

よりリアルな鏡面にするために、反射画像の高さを縮め、切り抜きツール（Sec.46参照）で余った部分を取り除きます。

MEMO

グラデーションで塗りつぶす

最後にグラデーションをかけて、下側ほど背景色が透けて見えるようにします。

HINT

レイヤーが作成される

「反射」によって写真を加工すると、レイヤー（Sec.72参照）がいくつか作成されます。エキスパートモードに切り替えてレイヤーパネルを表示すると、レイヤーを確認することができます。

Section 62 被写体が飛び出すように見える加工をしよう

覚えておきたいキーワード
- 露光間ズーム効果
- ビネット

被写体が写真から飛び出してくるように写す撮影技術の「露光間ズーム」を再現できるのが、**露光間ズーム効果**です。ガイドモードで順番に特殊効果を設定するだけで、写真を仕上げることができます。

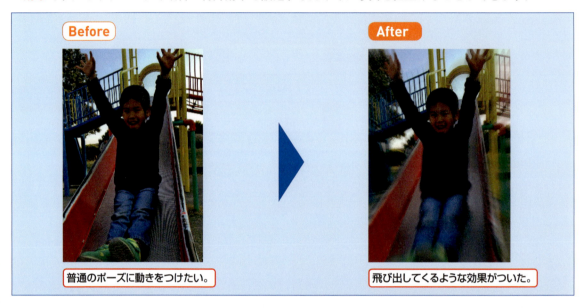

Before：普通のポーズに動きをつけたい。
After：飛び出してくるような効果がついた。

1 露光間ズーム効果を適用する

写真をElements Editorで開いておきます。

1. <ガイド>をクリックして、
2. <楽しい編集>をクリックし、

3. <露光間ズーム効果>をクリックすると、

KEYWORD

露光間ズーム効果

シャッターを切る瞬間にレンズをズームすることによって、中央の被写体以外の周囲が高速に流れていくように写り、中央の被写体が飛び出してくるように見せる撮影技術が「露光間ズーム」です。一瞬でレンズをズームさせるため、中央の被写体をぶらさずに撮るのが難しい技術ですが、「露光間ズーム効果」を利用すれば、同様の効果を簡単に写真に適用できます。

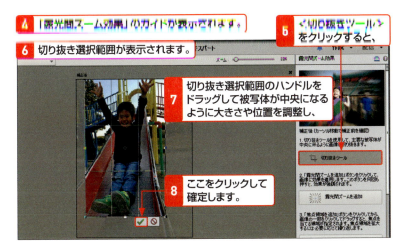

4 「露光間ズーム効果」のガイドが表示されます。

5 <切り抜きツール>をクリックすると、

6 切り抜き選択範囲が表示されます。

7 切り抜き選択範囲のハンドルをドラッグして被写体が中央になるように大きさや位置を調整し、

8 ここをクリックして確定します。

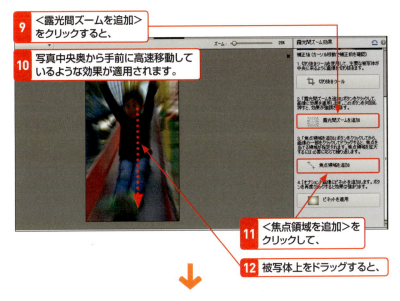

9 <露光間ズームを追加>をクリックすると、

10 写真中央奥から手前に高速移動しているような効果が適用されます。

11 <焦点領域を追加>をクリックして、

12 被写体上をドラッグすると、

13 ドラッグした範囲内の被写体が元に戻ります。

STEPUP参照。

14 飛び出すような効果の写真が完成しました。

15 <次へ>をクリックして保存します（P.148参照）。

HINT

被写体を中央にする

露光間ズーム効果では、写真の中央から周囲に向かって放射状に「ぼかし」フィルターが適用されます。そのため、被写体が飛び出してくるように見せるには、被写体を写真中央に配置する必要があります。元写真で被写体が中央にない場合は、切り抜きツールを利用して被写体が中央にくるように調整します（Sec.46参照）。

STEPUP

より高速に飛び出してくるように見せる

「露光間ズーム効果」のガイドでは、<ビネットを適用>をクリックして、写真の四隅を暗くすることができます。四隅を暗くすることで視界が狭まる視覚効果を加え、被写体がより高速に飛び出してくるように見せることができます。

Section 63 写真を枠から飛び出させよう

覚えておきたいキーワード
- ガイドモード
- 枠からはみ出させる効果

ガイドモードの**枠からはみ出させる効果**を利用すると、写真の一部がフレームから飛び出してくる、ユニークで迫力のある写真を作ることができます。

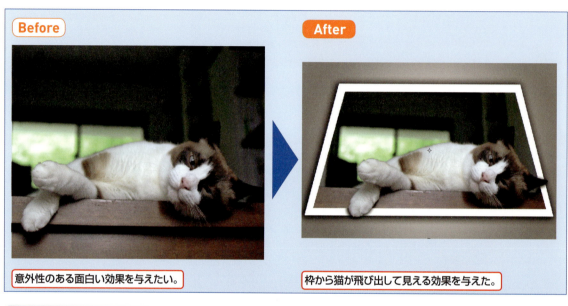

Before：意外性のある面白い効果を与えたい。
After：枠から猫が飛び出して見える効果を与えた。

1 写真にフレームを付ける

写真をElements Editorで開いておきます。

1 <ガイド>をクリックして、
2 <楽しい編集>をクリックし、
3 <枠からはみ出させる効果>をクリックすると、

KEYWORD

枠からはみ出させる効果

ガイドモードの「枠からはみ出させる効果」は、写真にフレームを付ける手順と、はみ出させる部分を選択する手順の2ステップに分かれています。まずは、写真のどの部分にフレームを付けるかを決めましょう。

4 「枠からはみ出させる効果」の
ガイドが表示されます。

5 ＜フレームを追加＞をクリックすると、

MEMO

バウンディングボックスでフレームを作成する

＜フレームを追加＞をクリックすると、最初にフレーム内での写真の表示範囲を示すバウンディングボックスが表示されます。左の手順に従って写真の表示範囲を決めたら、手順 9 で確定し、続けてフレームのサイズを決めます（P.186右上のMEMO参照）。

左の例では、フレームからはみ出させる腕をあえて表示範囲から外しています。

6 バウンディングボックスが表示されます。

MEMO

バウンディングボックスの操作

バウンディングボックスの操作方法は、移動ツールのものに準じます（P.217のKEYWORD参照）。四隅のハンドルは、普通にドラッグするとフレームサイズの変更になります。[Ctrl]（OS Xでは[command]）を押しながらドラッグすると、自由変形になります。

7 [Ctrl]+[Alt]+[Shift]（OS Xでは[command]+[option]+[shift]）を押しながら左下のハンドルをドラッグして、

8 枠が台形になるように変形させます。

HINT

台形状に変形する

ハンドルを[Ctrl]+[Alt]+[Shift]（OS Xでは[command]+[option]+[shift]）を押しながらドラッグすると、反対側にあるハンドルが同時に動いて台形状に変形することができます。

9 ここをクリックして写真の表示範囲を確定します。

10 写真以外の部分がグレーで塗られた状態になります。

11 左上と右下のハンドルを外側にドラッグしてフレームを一回り大きくし、

MEMO

フレームの大きさの設定

P.185の手順に続けて、フレームのサイズを示すバウンディングボックスが表示されます。フレームの外枠は、この時点では点線で示されます。
左の例では、バウンディングボックスを使ってフレームの表示幅を広くしています。

12 ここをクリックしてフレームの大きさを確定します。

2 はみ出させる範囲を指定する

1 ＜選択ツール＞をクリックします。

MEMO

はみ出させる範囲の指定

フレームが作成できたら、はみ出させたい部分を選択して、＜枠からはみ出させる効果＞をクリックします。選択ツールはクイック選択ツール（P.218参照）と同じように、選択したい部分の上をドラッグすると輪郭を判断して自動的に選択します。

2 はみ出させたい部分をドラッグして選択状態にし、

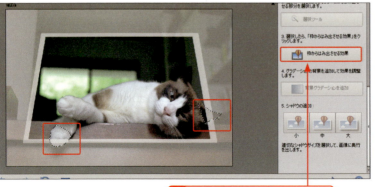

3 ＜枠からはみ出させる効果＞をクリックすると、

4 枠から一部がはみ出します。

5 <背景グラデーションを追加>をクリックし、

6 <OK>をクリックすると、

 7 グラデーション効果が設定されます。

8 <OK>をクリックします。

9 クリックして影を付けると、

10 写真が完成しました。

11 <次へ>をクリックして保存します（P.148参照）。

MEMO

グラデーションの設定

<背景グラデーションを追加>をクリックすると、フレームの背面がグラデーションで塗りつぶされます。このグラデーションには塗りつぶしレイヤーが使われています（P.200参照）。

MEMO

枠に影を付ける

<シャドウの追加>の3つのボタンのいずれかをクリックすると、フレームとはみ出した部分にドロップシャドウが設定されます。これはレイヤースタイルの一種です（P.230参照）。

HINT

レイヤーが作られる

エキスパートモードに切り替えてレイヤーパネルを表示すると、レイヤー構造を確認できます。フレームやはみ出した部分がそれぞれレイヤーになっていることがわかります。

Section 64 撮影時の天候をイメージ通りに変えよう

覚えておきたいキーワード
- スマートブラシツール
- 特殊効果

スマートブラシツールは、ドラッグした部分に特殊効果を与えるツールです。ここではスマートブラシツールを使って写真の天気を変えてみましょう。

Before: 曇り空を青空にしたい。
After: きれいな青空にできた。

1 スマートブラシツールで空を青くする

1. <エキスパート>をクリックし、
2. スマートブラシツールを選択して、
3. ここをクリックすると、
4. 効果のパネルが表示されます。

KEYWORD

スマートブラシツール

スマートブラシツールは、選択した範囲だけに明るさやカラーの補正を行うツールです。選択機能はクイック選択ツールと同じように、選択する対象の一部をドラッグすると、物体の境界を自動認識して適切に選択します（P.218参照）。
詳細スマートブラシツールの場合は自動認識されず、ドラッグしてハイライトさせた通りに対象が選択されます。

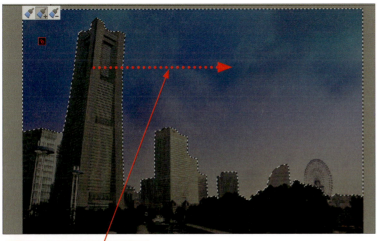

MEMO

効果の選択

手順5の画面のポップアップパネルでは、適用する効果の種類を選択することができます。効果は次の12のジャンルに分類されており、<全てを表示>を選択すると、すべての効果がまとめて表示されます。

①多目的
使用頻度の高い効果が表示されます。

②アーティスティック
フィルターのように絵画調に加工します。

③カラー
選択範囲に着色します。

④テクスチャ
チェック模様などのテクスチャで塗りつぶします。

⑤ライティング
明るさを補正します。

⑥自然
空や樹木の色を調整します。

⑦写真
インスタント写真や古びた写真のように加工できます。

⑧人物
肌や歯の色を調整できます。

⑨特殊効果
ソラリゼーションなどの特殊効果を適用できます。

⑩白黒
モノクロ化します。

⑪反転効果
選択されて「いない」部分の明るさなどを変更します。

⑫色合い
カラーフィルターで色合いを変えます。

2 ほかの特殊効果に変更する

1 スマートブラシツールを選択すると、

2 特殊効果を設定した部分が選択状態になります。

3 ここをクリックして、

MEMO参照。

4 <夏>をクリックすると、

5 夏の夕暮れのような空の色に変わります。

MEMO

設定済みの範囲を選択する

スマートブラシツールで特殊効果を設定した範囲の隣には、小さな設定アイコン ■ が表示されています。これをクリックすると、特殊効果を設定した範囲が選択状態になり、別の特殊効果に置き換えることができます。複数の範囲を設定した場合は、それぞれが区別できるように設定アイコンの色は赤、緑、青と変わります。

HINT

設定アイコンがクリックしにくい場合は？

レイヤーパネルを表示すると、スマートブラシツールで設定した範囲と対応する調整レイヤーが作成されています。これをクリックして設定範囲を選択することもできます。

調整レイヤー

HINT

設定済みの範囲を削除するには？

特殊効果を設定した範囲を削除するには、設定アイコンを右クリックして表示されるメニューから<調整を削除>を選択します。

3 別の範囲に特殊効果を設定する

 <新規選択>を クリックして、

2 ドラッグして範囲選択を開始します。

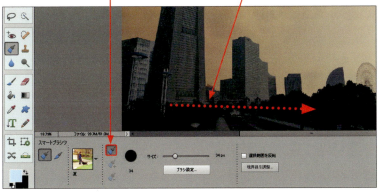

3 目的の範囲が選択できたら、

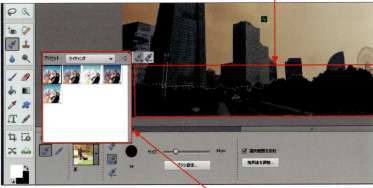

4 特殊効果の種類（ここでは「コントラストを高める」）を選択すると、

 特殊効果が設定されます。

MEMO

別の範囲に設定する

すでにスマートツールによる特殊効果を設定した写真に対して、さらに別の特殊効果を設定したい場合は、<新規選択> をクリックして新たな範囲を選択します。

HINT

選択範囲が追加される

<新規選択> をクリックしていない場合、<選択範囲に追加> が選ばれた状態になっています。この状態で写真上をドラッグすると、現在の選択範囲が広げられます。このあたりの動きはクイック選択ツールと同じなので、その解説も参照してください（P.218）。

HINT

Photoshop形式で保存される

スマートブラシツールを利用すると調整レイヤーが追加されます。レイヤーをもつ写真はPhotoshop形式で保存されるようになります。JPEG形式やPNG形式で保存すると、レイヤーが統合されて後からレイヤーを使って編集できなくなるので注意してください（P.225のMEMO参照）。

Section 65 水彩画風に加工しよう

覚えておきたいキーワード
印象派ブラシツール
絵画

印象派ブラシツールを利用すると、写真を絵筆で描いた絵のように加工していくことができます。フィルターとは異なり、効果のかかり方はドラッグで調整します。

Before: 写真に不思議な効果を与えたい。
After: 絵画のように加工できた。

1 印象派ブラシツールを利用する

1. <エキスパート>をクリックして、P.193のSTEPUP参照。
2. ブラシツールを選択し、
3. 印象派ブラシツールを選択し、
4. ブラシサイズを調整します。

KEYWORD

印象派ブラシツール

印象派ブラシツールは、マウスでドラッグした部分に、印象派の絵画のような効果を与えるツールです。フィルターと異なり効果のかかり方を調整することができます。印象派ブラシツールはブラシツールの隠れているツールなので、最初にブラシツールをクリックし、ツールオプションバーから選択します。ほかの隠れたツールも同様に表示します。

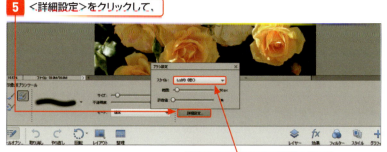

5 <詳細設定>をクリックして、

6 <スタイル>を選択します（MEMO参照）。

7 写真上をドラッグすると、画像が変化します。

8 さらにドラッグを続けて、写真全体に効果を与えます。

9 水彩画風の写真が完成しました。

MEMO

印象派ブラシツールの設定

ツールオプションバーの<詳細設定>をクリックすると、<ブラシ設定>ダイアログボックスが表示されて、印象派ブラシツールのスタイルなどを設定できます。

①スタイル
色の混ぜ合わせ方を選択します。
②範囲
効果を適用するブラシストロークのサイズを指定します。
③許容値
効果を適用する度合いを調節します。

STEPUP

指先ツールで動きを出す

写真を加工するツールはほかにも何種類かあります。たとえば指先ツール🌀は、指先で絵の具をぬぐったようににじませるツールで、写真に動きを与えることができます。指先ツールはぼかしツール💧の隠れているツールなので、ツールオプションバーから選択します。

指先ツールで動きを与えます。

Section 66 被写体の周囲をきれいにぼかしてみよう

覚えておきたいキーワード
- 選択範囲を反転
- ぼかし（レンズ）

被写体の周囲に映り込んだものを**ぼかし**てしまえば、被写体を際立たせることができます。**フィルター機能**を使うと、背景を一度で簡単にぼかすことができます。

Before

被写体のあたりを目立たせたい。

After

背景をぼかして被写体が際立った。

1 ぼかす範囲を選択する

1. ＜エキスパート＞をクリックして、
2. 楕円形選択ツールを選択し、
3. 被写体を囲むように選択して、
4. ＜選択範囲＞メニューの＜選択範囲を反転＞をクリックすると、

MEMO
楕円形選択ツールの表示

楕円形選択ツールが表示されない場合は、ツールオプションバーから選択してください（P.91参照）。

HINT
被写界深度機能との使い分け

Sec.60で紹介した被写界深度機能は一部分を際立たせたい場合、フィルター機能は大まかな範囲を際立たせたい場合に使用します。

5 被写体以外の周囲が選択されます。

> **MEMO**
>
> **選択範囲を反転させる**
>
> この例のように被写体の周囲に対して何らかの効果を適用する場合は、被写体の周囲を選択する必要がありますが、構図によっては簡単に選択できないこともあります。被写体を選択してから、＜選択範囲を反転＞を利用すれば、比較的簡単に周囲を選択できます。

2 「ぼかし」を適用する

1 ＜フィルター＞メニューから＜ぼかし＞→＜ぼかし（レンズ）＞とクリックすると、

2 ＜ぼかし（レンズ）＞ダイアログボックスが表示され、

3 周囲の部分がぼけます。

4 ぼけの度合いを調整して、

5 ＜OK＞をクリックします。

> **MEMO**
>
> **余計な背景をぼかす**
>
> 家庭での撮影などで、余計なものが映り込んでしまった場合にも便利な機能です。

> **HINT**
>
> **モザイクをかける**
>
> SNSへ投稿する写真などで、人物の顔や個人情報などを特定されないようにするには、写真の一部をぼかします。写真の一部をぼかすには、長方形／楕円形選択ツールでぼかす部分をクリックして、＜フィルター＞メニューから＜ピクセレート＞→＜モザイク＞を選択し、表示される＜モザイク＞ダイアログボックスでモザイクの強さを設定します。
>
>

Section 67 写真に模様を付けよう

覚えておきたいキーワード
- ブラシツール
- 描画色

ブラシツールを使うと、写真上をドラッグした軌跡で塗りつぶすことができます。ブラシの形状が花や蝶などの形になる**特殊効果ブラシ**を使って、写真の上をマークなどで飾ることができます。

Before: 写真の上を模様で飾りたい。
After: 足跡模様で飾った。

1 特殊効果ブラシで模様を描く

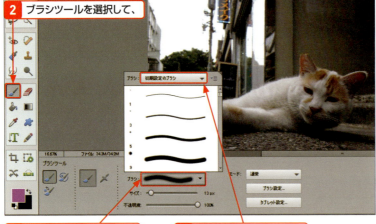

1 ＜エキスパート＞をクリックし、
2 ブラシツールを選択して、
3 ＜ブラシ＞をクリックし、
4 ＜初期設定のブラシ＞をクリックします。

KEYWORD

ブラシツール

ブラシツールは、写真上をドラッグして線や模様を描くためのツールです。線の形状や模様の種類は、ツールオプションバーの＜ブラシ＞のリストで切り替えることができます。また、線の太さや模様の大きさは、＜サイズ＞のスライダーをドラッグして変更します。

5 <筆圧>を選択して、

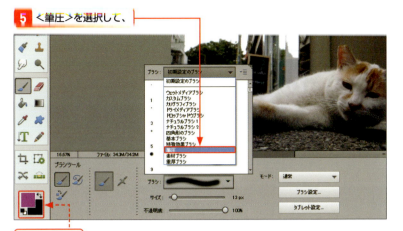

MEMO参照。

6 ブラシの形状を選択し、

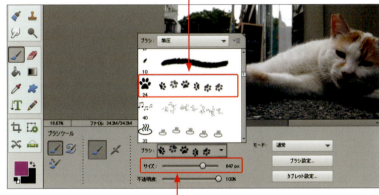

7 ブラシのサイズを指定します。

8 写真上をドラッグすると、

9 ドラッグした軌跡上に模様が描かれます。

MEMO

模様の色を変更する

ブラシツールで描く線や模様の色は、ツールボックスの描画色に設定されている色になります。描画色の色は、ツールボックスの描画色のボックスをクリックすると表示される<カラーピッカー（描画色）>ダイアログボックスで変更できます。
なお、背景色も同様の手順で変更できます。

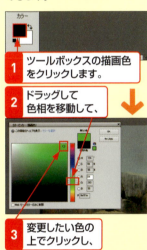

1 ツールボックスの描画色をクリックします。

2 ドラッグして色相を移動して、

3 変更したい色の上でクリックし、

4 <OK>をクリックします。

HINT

写真に手描きで線を引く

ここでは模様状のブラシを使用しましたが、ブラシの種類を変えることで普通に線を引くことや、手描きの文字を加えることもできます。

67 写真に模様を付けよう

5 写真を加工して雰囲気を変えよう

Section 68 写真に文字を加えてみよう

覚えておきたいキーワード
- 横書き文字ツール
- 横書き文字マスクツール

写真には**文字を入力**できます。フォントやサイズの変更はもちろん、好みの色で塗りつぶしたり、グラデーションで塗りつぶしたりすることもできるので、写真とマッチする大きさ、配色にしましょう。

Before: 写真の上に文字を入力したい。
After: 文字を入力しグラデーションで塗ることができた。

1 文字を入力する

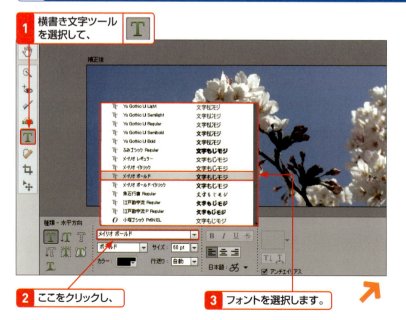

1. 横書き文字ツールを選択して、
2. ここをクリックし、
3. フォントを選択します。

KEYWORD

文字の入力

横書き文字ツールを使うと、写真上に横書きで文字入力できます。また、ツールオプションバーで<縦書き文字ツール>をクリックすると、左と同様の手順で縦書きで文字入力できます。

4 ここをクリックして、
5 文字の色を選択します。

6 文字のサイズを指定して、
7 文字入力を始める位置をクリックし、
8 文字を入力します。

9 入力が済んだら
ここをクリックして確定します。

HINT

フォントを設定する際の注意

ツールオプションバーで選択できるフォントは、お使いのパソコンにインストールされているものに限られます。また、フォントには欧文フォントと和文フォントがあり、入力する言語によってフォントも使い分ける必要があります。

HINT

文字色と描画色

ツールオプションバーで選択する文字の色は、ツールボックスの描画色と連動しているため、左の手順5で選択した色は、ツールボックスの描画色にも反映されます。逆に、事前にツールボックスの描画色を設定しておけば、その色が文字色にも反映されます。

KEYWORD

ワープテキスト

文字は例のように縦横一直線に並べるだけでなく、円を描くように並べたり、くねくね曲がったりするように並べたりできます。文字の並び方を変更するには、オプションバーで＜ワープテキストを作成＞をクリックして、表示されるダイアログボックスで並び方を選択します。

くねくねと文字が並びます。

2 文字をグラデーションで塗る

1 <エキスパート>をクリックします。

2 横書き文字マスクツールを選択して、

3 フォントや文字サイズ、文字色などを設定し、

4 文字入力を始める位置をクリックします。

HINT
文字を再編集する

入力を確定した文字を再度編集可能な状態にするには、文字ツールを選択した状態で文字上をクリックします。続けて、編集する文字をドラッグして選択します。フォントや文字サイズ、文字色などの変更は、ツールオプションバーから行います。

5 文字を入力して、

6 ✓をクリックすると確定します。

KEYWORD
横書き文字マスクツール

横書き文字マスクツールはグラデーションなどで塗りつぶすための文字を入力するツールです。

確定後は文字の形状で範囲選択されます。

7 <レイヤー>メニュー→<新規塗りつぶしレイヤー>→<グラデーション>の順にクリックし、

KEYWORD
塗りつぶしレイヤー

塗りつぶしレイヤーは、単色・グラデーション・パターン（模様）のいずれかで塗りつぶすための特殊なレイヤーです。レイヤーについて詳しくは、Sec.72を参照してください。

8 ＜OK＞をクリックします。

9 ここをクリックして、

10 ＜初期設定＞をクリックし、

11 グラデーションの種類（ここでは＜カラーハーモニー1＞）を選択します。

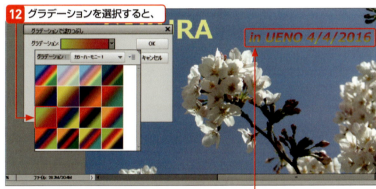

12 グラデーションを選択すると、

13 入力した文字がグラデーションで塗られます。

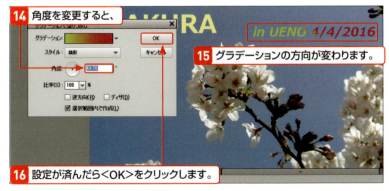

14 角度を変更すると、

15 グラデーションの方向が変わります。

16 設定が済んだら＜OK＞をクリックします。

17 写真に文字を追加できました。

MEMO

グラデーションの設定

＜グラデーションで塗りつぶし＞ダイアログボックスで設定できる項目は以下の通りです。

①グラデーション
　グラデーションの種類を選択します。
②スタイル
　グラデーションの形状を選択します。
③角度
　グラデーションの方向を指定します。
④比率
　グラデーションの塗りつぶし範囲を指定します。

HINT

文字を移動する

文字を移動するには、選択ツールを選択して文字上をクリックします。文字の周囲にバウンディングボックスが表示されると、選択された状態です。この状態で、バウンディングボックス内をドラッグすると、文字を移動できます。

HINT

文字を削除する

入力した文字を写真上から削除するには、選択ツールで文字を選択してバウンディングボックスを表示した状態で、backspaceキー（OS Xではdeleteキー）を押し、表示される確認画面で＜はい＞をクリックします。また、🚫をクリックすると入力をキャンセルすることができます。

Section 69 写真を使って文字を作ろう

覚えておきたいキーワード
写真テキスト
背景のスタイル

ガイドモードの**写真テキスト**を使うと、写真を元にしたクリエイティブな文字を簡単に作ることができます。作成した文字は、Webでも印刷物でも使用することができます。

風景写真を利用して、 凝ったデザインの文字を作成できた。

1 写真テキストを適用する

写真をElements Editorで開いておきます。

1 <ガイド>をクリックして、
2 <楽しい編集>をクリックし、
3 <写真テキスト>をクリックすると、

KEYWORD

写真テキスト

ガイドモードの「写真テキスト」では、写真を元にしたビジュアルテキストを作ることができます。画像として他の写真と合わせて使用すると面白い作品を作ることができるでしょう。他の写真との合成方法については、第6章を参照してください。

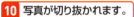

MEMO

入力する文字の大きさ

文字の大きさは大きいほど、写真の利用面積が増えるので印象的なデザインになります。文字ツールでは100ptより大きい数値は選択できないので、直接入力します。

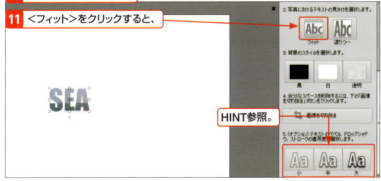

HINT

文字に影などの効果を付ける

文字にはベベル（縁取り）やドロップシャドウ（影）などの効果を付けることもできます。

HINT

背景のスタイル

＜透明＞の他に＜黒＞＜白＞が選択できます。ここではレイヤーを重ねても使用できるように「透明」を設定しています。

203

Section 70 写真を型抜きしよう

覚えておきたいキーワード
- 型抜きツール
- 図形

写真を四角形以外のさまざまな形に切り抜くには、**型抜きツール**を利用します。切り抜いた輪郭の外側は、透明な領域となります。

Before：写真の一部を切り取って利用したい。
After：輪郭をぼかして切り抜くことができた。

1 型抜きに使う図形を選ぶ

1 ＜エキスパート＞をクリックし、

2 切り抜きツールを選択して、

3 型抜きツールをクリックします。

KEYWORD

型抜きツール

型抜きツールは切り抜きツールの隠れているツールで、写真を図形（型）で切り抜くツールです。切り抜かれた範囲の外側は透明になります。透明にするとレイヤーを重ねるときやWebページのボタン、アイコンとして画像を利用したいときに便利です。JPEG形式では透明色を記録できないため、保存する際はPNG形式やPhotoshop形式にします。

5 ここをクリックして、

6 <図形>を選択し、

7 <角丸四角形>をクリックします。

8 ここをクリックして、

9 <定義比率>を選択します（右下のMEMO参照）。

MEMO

図形の選択

型抜きに使用する図形は、型抜きツールのツールオプションバーで選択します。「自然」や「動物」などのジャンルに分けられており、まずジャンルを選択してから図形を選択します。ジャンルから「すべてのシェイプ」を選択すると、すべての図形がまとめて表示されます。

HINT

写真の大きさは変わらない

型抜きしても写真（全体画像）の大きさは変わらないため、指定した範囲によっては透明部分が大きく残ってしまうことがあります。必要に応じて切り抜きツールなどでトリミングします（Sec.46参照）。

MEMO

図形の制約

切り抜く範囲は写真上をドラッグして指定しますが、その際にツールオプションバーで<定義比率>を選択すると、型抜きに使用する図形の縦横比が維持されます。また、<定義サイズ>を選択すると図形に設定されているサイズがそのまま使われ、自由に大きさを変えられなくなります。<固定>を選択した場合は、<幅>と<高さ>のサイズを指定できるようになります。

2 写真を型抜きする

1 <ぼかし>を調整して（右上のMEMO参照）、

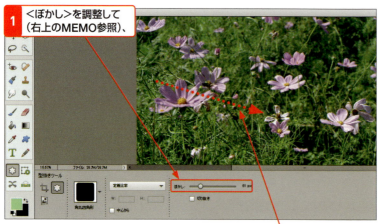

2 型抜きしたい範囲をドラッグします。

3 P.205手順7で選択した図形で写真が型抜きされます。

4 ここをクリックして確定します。

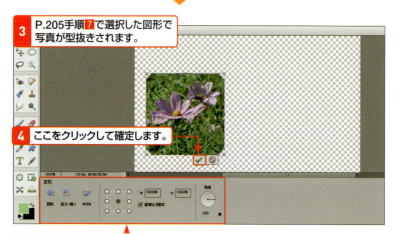

右中のMEMO参照。

5 画像が切り抜かれました。

切り抜かれた部分以外は透明になっています。

余白が気になる場合は、切り抜きツールを利用してトリミングします（Sec.46、P.205のHINT参照）。

MEMO
輪郭をぼかす

ツールオプションバーで<ぼかし>のスライダーを右にドラッグすると、切り抜いた部分の輪郭をぼかすことができます。

MEMO
範囲を変形する

切り抜く前のツールオプションバーには、範囲を変形するためのボタンなどが表示されています。たとえば、<角度>の円をドラッグすると、切り抜き範囲を回転させることができます。バウンディングボックスを使った変形については、P.217のHINTを参照してください。

STEPUP
切り抜いた画像の利用

切り抜いた画像は半透明のレイヤー（Sec.72参照）になります。そのままほかの画像にコピー＆ペーストして合成することもできます。

第6章
複数の写真を組み合わせよう

Section
- 71 写真を合成しよう
- 72 レイヤーのしくみを知ろう
- 73 合成に必要な部分を選択して切り取ろう
- 74 切り取った部分を別の写真に貼り付けよう
- 75 レイヤーの組み合わせで雰囲気を変えよう
- 76 パノラマ写真を作成しよう
- 77 複数の人物写真を1つにまとめよう

Section 71 写真を合成しよう

覚えておきたいキーワード
- レイヤー
- Photomerge

透明フィルムのような**レイヤー**を利用すれば、複数の写真を1枚に合成することができます。この章では、レイヤーを使った高度な合成写真の作り方を説明します。

1 合成する範囲を選択する

MEMO

選択ツールの利用

写真の一部を別の写真に貼り付けるためには、目的の範囲を適切に選択する必要があります。Elements Editorには、写真の一部を選択するためのさまざまなツールが用意されています。これらのツールを目的や被写体に合わせて使い分けると、目的の範囲を思い通りに選択することができます。

2 レイヤーを使って合成する

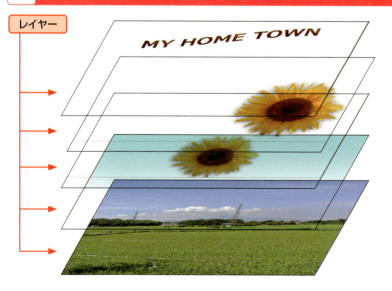

MEMO

レイヤーを利用した合成

写真を合成するには、「レイヤー」と呼ばれる透明な層の上に、合成する素材を作成して重ね合わせます。レイヤー上の画像や文字などはレイヤーごとに個別に編集することができます。

3 特殊効果を使いこなす

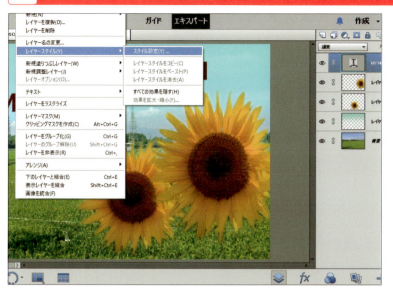

MEMO

不透明度、描画モード、レイヤースタイル

レイヤーの機能は単純に画像を重ねるだけではありません。不透明度や描画モードなどの設定を変更して、半透明の合成を行うことができます。また、レイヤースタイルを設定すると、レイヤー上の画像に影や光彩を付けることができます。

4 集合写真を合成する

2枚の別々の写真の人物を1枚の写真にまとめることができます。

MEMO

Photomergeの利用

Photomerge（フォトマージ）は、複数の写真を自動的に合成する機能です。Photomerge Composeでは、画像の一部を置き換えて人物を後から合成できます。また、「Photomerge Group Shot」では、複数の写真を合成してベストの集合写真を作ることができます。

ガイドモードの＜Photomerge＞から利用できます。

Section 72 レイヤーのしくみを知ろう

覚えておきたいキーワード
- レイヤーパネル
- テキストレイヤー

合成に使用するレイヤーにはさまざまな機能があり、**レイヤーパネル**を使って操作します。ここではレイヤーの概要とパネルの概要を紹介します。

1 レイヤーとレイヤーパネル

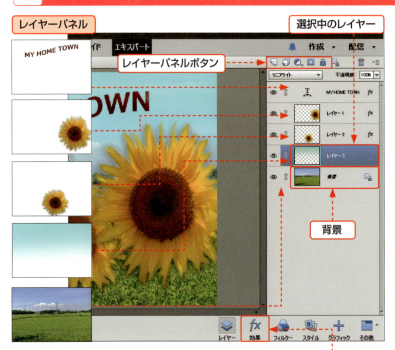

KEYWORD

レイヤーパネル

レイヤーの管理はレイヤーパネルで行います。＜レイヤー＞をクリックして、表示／非表示を切り替えます。各レイヤーが一覧表示されており、レイヤーパネル上でレイヤーを選択すると、編集画面でそのレイヤー上の画像を編集できるようになります。また、レイヤーパネル上の順番は重なり順を表しており、パネル上で一番上に表示されているものが最前面、一番下に表示されているものが最背面に配置されます。

KEYWORD

背景

「背景」は、レイヤーパネルの最下段のレイヤーです。Elements Organizerからレイヤーのない画像を開いた場合、その画像は「背景」レイヤーになります。「背景」は特殊なレイヤーで、透明色のピクセルをもてない、ほかのレイヤーより上に移動できないなどの制限があります。「背景」を通常のレイヤーに変更することもできます。

レイヤーパネル関連の名称	機能
新規レイヤーを作成	透明な新しいレイヤーを作成します。
塗りつぶしまたは調整レイヤーを新規作成	塗りつぶしレイヤーまたは調整レイヤーを作成します。
レイヤーマスクを追加	レイヤーの一部を非表示にするレイヤーマスクを追加します。
すべてのピクセルをロック	選択中のレイヤーを編集禁止にします。
透明ピクセルをロック	レイヤーの透明部分を編集禁止にします。
選択中のレイヤー	現在操作対象となっているレイヤーを表します。
背景	最下層にある特殊なレイヤーです。
レイヤーパネルの表示／非表示	レイヤーパネルの表示／非表示を切り替えます。タスクバーに表示されます。

2 レイヤーの状態を見る

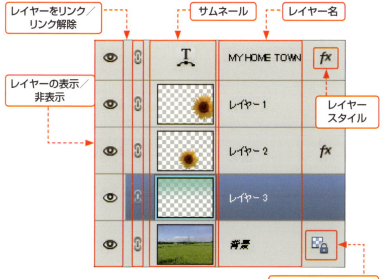

レイヤーの状態アイコン

レイヤーパネル上のレイヤーには、状態を表すアイコンがいくつか表示されています。

アイコン	状態
👁	レイヤーは表示されている状態
👁̸	レイヤーは表示されていない状態
fx	レイヤーはスタイルが適用されている状態
🔗	操作中のレイヤーとリンクされてる状態
🔒	レイヤーはロックされている状態

レイヤーの表示と非表示

表示と非表示の切り替え

レイヤーで合成された画像の特徴は、1枚1枚の「層」が重なって1つの画像に見せているということです。それぞれのレイヤーの表示と非表示を切り替えると、その特徴がよくわかります。
また、操作中に表示と非表示を切り替えることで、レイヤーの個別にかかっている効果や、全体を合わせたときにどう見えるかなどを確認することができます。

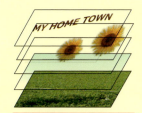

複数のレイヤーが1つの画像を作っています。

レイヤーの順番

レイヤーの順番を入れ替えると、

画像の重なりの順番が変化します。

操作中のレイヤーの確認

選択したオブジェクトによって作業中のレイヤーは変わります。この場合は一番上のテキストレイヤーを選択していることになります。

この場合はレイヤー2です。線を引いてみると、レイヤー2だけに引かれていることがわかります。

MEMO

レイヤーの順番と選択

レイヤーは「層」という言葉の意味の通り、画像の上に重ねて効果をかけていくものです。レイヤーを使用することで、元の画像には変更を加えずに、さまざまな効果をかけることができます。
左上の例のように、レイヤーの順番は画像の重なりの順番に対応しています。
また、左下の例のように、一見同じ画像を選択しているように見えても、選択しているレイヤーが異なると、操作の影響を受けるレイヤーも異なります。このため、効果を加える際には必ず選択しているレイヤーを確認する必要があります。

MEMO

背景レイヤーは操作できない

元となる画像（背景レイヤー）に重ねていくので、背景レイヤーは削除したり順番を変更することはできません。背景レイヤーに最初からロックがかかっているのはそのためです。

3 テキストレイヤーで文字を入力する

文字ツールのツールオプションバー / テキストレイヤー

KEYWORD

テキストレイヤー

文字ツールでテキストを入力すると「テキストレイヤー」が生成されます。後から文字を再編集したり、フォントやサイズなどの書式を設定したりすることが可能です。ほかの特殊なレイヤーには、「塗りつぶしレイヤー（P.200のKEYWORD参照）」と「調整レイヤー（P.190のHINT参照）」があります。

4 ＜レイヤー＞メニューの利用

新規調整レイヤーの作成

MEMO

＜レイヤー＞メニュー

より高度なレイヤーの操作には、＜レイヤー＞メニューを利用します。レイヤースタイルと呼ばれる特殊効果の設定や、特殊なレイヤーの新規作成などが行えます。

新規塗りつぶしレイヤーの作成

213

Section 73 合成に必要な部分を選択して切り取ろう

覚えておきたいキーワード
- 選択ツール
- 移動ツール

写真を合成するには、写真から必要な部分を切り取る操作が必要です。まずは**写真の一部を選択する方法**をマスターしましょう。

1 範囲を四角形で選択する

エキスパートモードで写真を開いています。

1 長方形選択ツールを選択して、

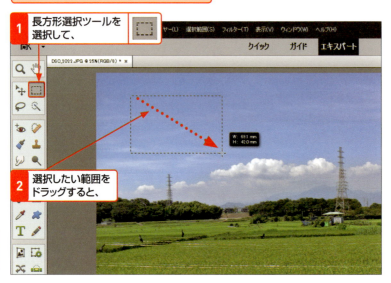

2 選択したい範囲をドラッグすると、

3 四角形の範囲が選択されます。

Ctrl + Z (OS Xでは command + Z) を押すと選択を解除できます。

KEYWORD

長方形選択ツール

長方形選択ツール は、四角形の範囲を選択するツールです。ドラッグして範囲を指定する際に、Shift (OS Xでは shift) を押したままにすると、正方形に範囲を選択することができます。

MEMO

選択範囲のコピーと貼り付け

Ctrl + C (OS Xでは command + C) を押すと選択範囲をコピーできます。コピーした選択範囲は Ctrl + V (OS Xでは command + V) で別のファイルに貼り付けることができます。

HINT

選択を解除するには？

Ctrl + Z (OS Xでは command + Z) を押すか、＜選択範囲＞メニュー→＜選択を解除＞の順にクリックすると、選択が解除されます。

2 範囲を楕円形で選択する

1 楕円形選択ツールを選択し、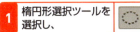

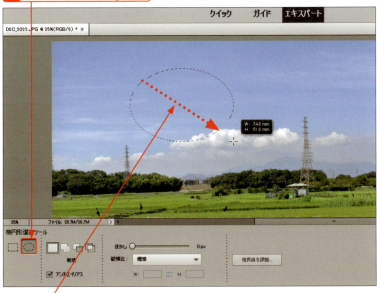

2 選択したい範囲をドラッグすると、

↓

3 楕円形の範囲が選択されます。

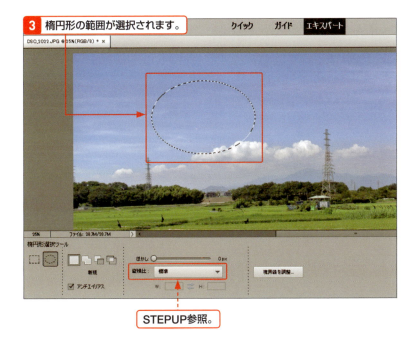

STEPUP参照。

MEMO

楕円形ツールの利用

楕円形選択ツールは、楕円形の範囲を選択するツールです。ドラッグして範囲を指定する際に、Shift（OS Xではshift）を押したままにすると、正円に範囲を選択することができます。

HINT

選択範囲の位置だけを調整するには？

範囲を選択するツールを選択した状態で、選択範囲内にマウスポインターを合わせると、形がに変わります。この状態でドラッグすると、選択範囲の枠を動かすことができます。

STEPUP

縦横比を保って範囲を選択する

選択ツールのツールオプションバーで、＜縦横比を固定＞や＜固定＞を選択すると、選択範囲の縦横比やサイズを固定することができます。

1：1に固定しています。

3 選択範囲を追加する

1 選択ツールを選択して、

2 ＜選択範囲に追加＞を選択するとマウスポインターの形が ＋ に変わるので、

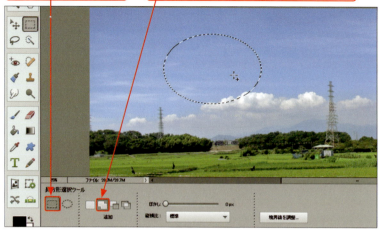

3 選択範囲に追加したい部分をドラッグすると、

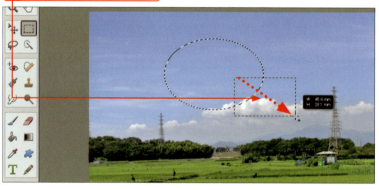

4 選択範囲が追加されます。

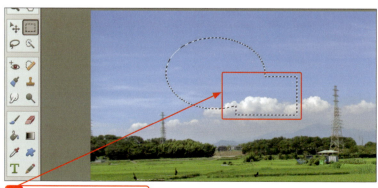

MEMO

選択範囲の組み合わせ

選択ツールのツールオプションバーのボタンをクリックしてからドラッグすると、選択範囲の追加や削除を行うことができます。

①新規選択 □
　すでに選択されている範囲があればそれを解除して、ドラッグした範囲を選択します。

②選択範囲に追加
　現在の選択されている範囲に新たな選択範囲を追加します。

③現在の選択範囲から一部削除
　現在の選択されている範囲からドラッグした範囲を取り除きます。

④現在の選択範囲との共通範囲
　現在の選択されている範囲と、ドラッグした範囲の共通部分を新たな選択範囲とします。

STEPUP

キーボードを利用した選択範囲の組み合わせ

ツールオプションバーで＜新規選択＞□が選択されている状態で、キーボードを利用して選択範囲を組み合わせることができます。

①選択範囲に追加
　[Shift]（OS Xでは[shift]）を押しながら範囲を選択します。

②現在の選択範囲から削除
　[Alt]（OS Xでは[option]）を押しながら範囲を選択します。

③現在の選択範囲との共通範囲
　[Alt]＋[Shift]（OS Xでは[option]＋[shift]）を押しながら範囲を選択します。

4 選択範囲を移動する

1 移動ツールを選択して、

2 枠内にマウスポインターを合わせると、形が▶に変わるので、

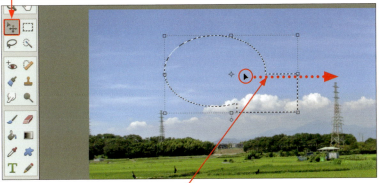

3 ドラッグすると、

4 選択した範囲の画像が移動します。

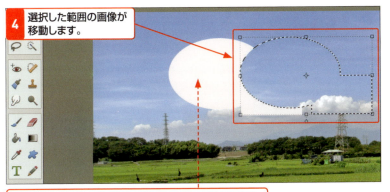

移動前に画像があった場所は背景色で塗りつぶされます。

KEYWORD

移動ツール

移動ツール❖は、選択範囲内の画像を移動するツールです。ドラッグする際に[Shift]（OS Xでは[shift]）を押していると、移動方向が水平・垂直・45度単位に固定されます。

HINT

選択した画像のコピー

移動ツール❖を選択して、[Alt]（OS Xでは[option]）を押しながらドラッグすると、選択した画像をドラッグ先にコピーすることができます。

HINT

バウンディングボックス

移動ツールに切り替えると、選択範囲の周りにハンドル付きの枠が表示されます。これを「バウンディングボックス」といい、選択範囲内の画像の移動や拡大／縮小、回転などをすばやく行うことができます。

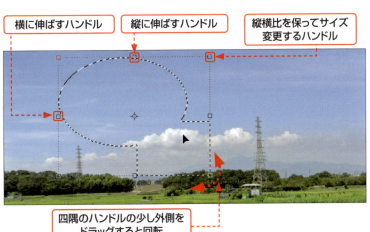

横に伸ばすハンドル　縦に伸ばすハンドル　縦横比を保ってサイズ変更するハンドル

四隅のハンドルの少し外側をドラッグすると回転

5 複雑な形の範囲をすばやく選択する

1 クイック選択ツールを選択して、
2 選択したい対象の上をドラッグすると、
右下のHINT参照。

3 自動的に対象物の輪郭を検出して選択します。

4 余計な部分まで選択された場合は、
5 Alt（OS Xではoption）を押しながらドラッグすると、

KEYWORD

クイック選択ツール

クイック選択ツールは、色の変化から物体の形を自動的に検出して範囲を選択するツールです。選択したい部分の内側をドラッグまたはクリックすると、自動的に被写体の輪郭を認識して輪郭からはみ出ないように選択するので、輪郭が複雑な形でも簡単に選択できます。

HINT

自動的に追加モードに切り替わる

クイック選択ツールでは、最初の範囲が選択された後、自動的に追加モードに切り替わります。そのままドラッグしていけば、選択範囲を広げていくことができます。

HINT

隠されているツール

クイック選択ツールのツールオプションバーでは、選択ブラシツールと自動選択ツールを選ぶこともできます。選択ブラシツールは、ドラッグした通りに選択するツールです。選択する範囲の大きさを自由に決めることができます。また、自動選択ツールは似た色の連続する範囲を選択することができます。状況に応じてそれぞれを使い分けてください。

6 複数の写真を組み合わせよう

6 ドラッグした部分の選択が解除されます。

7 だいたい選択できたら＜境界線を調整＞をクリックします（右中のMEMO参照）。

8 ＜ぼかし＞のスライダーを右にドラッグして、

STEPUP参照。

選択範囲外は白く表示されます。

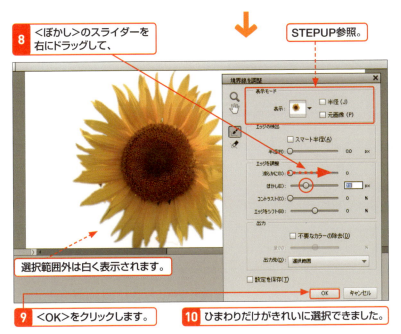

9 ＜OK＞をクリックします。　　10 ひまわりだけがきれいに選択できました。

MEMO

選択を一部解除する

余計な部分まで選択してしまった場合は、ツールオプションバーで＜現在の選択範囲から一部削除＞をクリックしてからドラッグするか、[Alt]（OS Xでは[option]）を押しながらドラッグして、解除することができます。

MEMO

境界線をぼかす

人や動物のような輪郭が複雑なものを選択する場合は、選択の境界線をぼかしたほうがきれいに切り取れます。ツールオプションバーから＜境界線を調整＞ダイアログボックスを表示すると、選択範囲をぼかす、範囲を一回り大きくするといった調整ができます。

STEPUP

選択範囲をわかりやすく表示する

＜境界線を調整＞ダイアログボックスが表示されている間は、選択範囲外を白地にするなどの方法で、選択範囲がよりわかりやすく表示されます。＜表示モード＞の＜表示＞リストから表示方法を選択できます。左の例では＜白地＞を選択して表示しています。

Section 74 切り取った部分を別の写真に貼り付けよう

覚えておきたいキーワード
- レイヤー
- 移動ツール

レイヤーを使って複数の写真を合成し、1つの作品を作ってみましょう。合成自体は**コピー&ペースト**するだけで簡単ですが、そこから移動ツールなどを使って整えていきます。

Before

画像合成したい。

After

写真や文字を貼り付けることができた。

1 写真を別の写真に貼り付ける

1 合成したい2枚の写真を開いておき、レイヤーパネルを表示しています。

2 Sec.73を参考にコピーしたい範囲を選択して、

3 Ctrl+C（OS Xではcommand+C）を押します。

HINT 複数の写真を開く

Elements Editorで複数の写真を同時に開くには、Elements Organizerで複数の写真を選択した状態で、＜編集＞をクリックします（P.94参照）。複数の写真を開くと、フォトエリアに複数のサムネールが表示されます。また、1枚目を開いてからElements Organizerに戻り、2枚目以降を選択して開いても同じ結果になります。

74 切り取った部分を別の写真に貼り付けよう

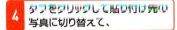

4 タブをクリックして貼り付け先の写真に切り替えて、

5 Ctrl+V（OS Xではcommand+V）を押すと、

6 コピーした写真が貼り付けられます。

レイヤーが追加されています。

MEMO
選択範囲のコピー

別の写真をコピーして貼り付けると、自動的にレイヤーが作成され、そのレイヤーの上に写真が貼り付けられます。

HINT
写真のサイズを合わせる

2つの写真のサイズがあまりにも違いすぎると、貼り付けたときに大幅にはみ出してしまうことがあります。コピー＆ペーストする前に、写真の解像度（ピクセル数）を合わせておいたほうが、作業しやすくなります（Sec.97参照）。

2 貼り付けた画像の位置やサイズを調整する

1 移動ツールを選択して、

2 画像をクリックして選択し、

3 四隅のハンドルを内側にドラッグすると、

MEMO
サイズの変更

バウンディングボックスの四隅のハンドルをドラッグすると、画像を拡大／縮小することができます。縦横比を変えない場合は、Shift（OS Xではshift）を押しながらドラッグします。

6 複数の写真を組み合わせよう

4 画像が縮小されます。

5 枠内にマウスポインターを合わせてドラッグすると、

MEMO参照。

MEMO

変形の確定

移動ツール のバウンディングボックスを使って変形すると、右下に確定するためのボタンが表示されます。意図しない変形になった場合は、 をクリックしてキャンセルすることができます。変形するたびに画像はわずかに劣化するので、拡大／縮小や回転など複数の変形をしたい場合は、その都度確定せずにまとめて操作してから確定するようにしましょう。

6 画像が移動します。

7 ここをクリックして変形を確定します。

8 同様にコピーと貼り付けを繰り返し、ひまわりを2つ並べます。

3 写真に文字を配置する

1 横書き文字ツールを選択して、

MEMO

文字の入力

文字は「テキストレイヤー」という特殊なレイヤーに入力されます。入力した後も再編集することができ、レイヤースタイルなどのレイヤー用の特殊効果を設定することもできます（Sec.68参照）。

1 ここをクリックし、

2 フォントを選択し、

> **MEMO**
> **フォントを設定する際の注意**
> 文字ツールで選択できるフォントはパソコンにインストールされているものだけです。また、欧文フォントと和文フォントがあり、欧文フォントを選択しても日本語の文字のデザインは変わりません。

HINT参照。

4 ここをクリックして、

5 カラーを選択します。

> **MEMO**
> **レイヤーパネルを開いておく**
> ＜レイヤー＞をクリックしてレイヤーパネルを表示しておくと、選択中のレイヤーを確認しながら作業ができるので便利です（P.210参照）。

6 入力したい位置をクリックし、

7 文字を入力して、

8 ここをクリックして確定します。

> **HINT**
> **色々な文字ツールが用意されている**
> シェイプに沿ったテキストの追加ツールは、シェイプ（図形）を選択してその周囲に文字を沿わせます。また、選択範囲に沿ったテキストの追加ツールもあります。このツールを使用すると、写真の一部を範囲選択してその周囲に文字を沿わせることができます。

74 切り取った部分を別の写真に貼り付けよう

6 複数の写真を組み合わせよう

223

4 文字の大きさや配置を調整する

1 移動ツールを選択して、

2 バウンディングボックスで文字の位置とサイズを整えて、

3 文字をダブルクリックして、

4 <ワープテキストを作成>をクリックします。

5 ここをクリックして、

6 <上昇>を選択し、

7 <OK>をクリックすると、

MEMO

位置とサイズの調整

移動ツールを選択すると、画像とまったく同じように文字の位置やサイズを調整することができます。

HINT

文字の再編集

配置済みの文字を再編集するには、移動ツールでダブルクリックするか、文字ツールでクリックします。カーソルや文字ツールのオプションバーが表示され、文字の入力や書式の変更ができるようになります。

KEYWORD

ワープテキスト

ワープテキストは文字を変形させる機能です。円弧、旗、魚眼レンズなど、用意されているスタイルを選び、3つのスライダーで変形の度合いを調整します。変形した後でも文字は修正できます。

6 複数の写真を組み合わせよう

A 文字が変形します。

9 ここをクリックして確定します。

> **HINT**
> **確定後もサイズを変更できる**
> テキストを設定した後でも、テキストレイヤーの文字は入力し直すことができます。また、移動ツールで位置やサイズを変えるのも自由です。

5 合成した写真を保存する

1 ＜ファイル＞メニュー→＜別名で保存＞の順にクリックし、

2 Photoshop形式を選択して、

3 ＜保存＞をクリックします。

> **MEMO**
> **Photoshop形式で保存される**
> レイヤーを追加すると、保存時にPhotoshop形式が選ばれるようになります。JPEG形式などで保存することもできますが、その場合レイヤーはすべて統合され、1枚の背景のみの画像データになってしまいます（Sec.96参照）。後から編集したい場合、編集途中で一度保存するときは、必ずPhotoshop形式で保存しましょう。

JPEG形式で保存すると、レイヤーが統合され、以後の編集作業ができなくなります。

Section 75 レイヤーの組み合わせで雰囲気を変えよう

覚えておきたいキーワード
グラデーションツール
レイヤースタイル

レイヤーには合成モードや不透明度、**レイヤースタイル**などの特殊効果を設定する機能があります。これらを利用して作品の雰囲気を変えてみましょう。

Before｜画像が重なっているだけの状態に効果を加えたい。

After｜特殊効果を加え、明るく重ねることができた。

1 新規レイヤーを追加する

① 一番上のレイヤーを選択した状態で、
② ＜新規レイヤーを作成＞をクリックすると、

MEMO
新規レイヤーの追加

これまではコピー＆ペーストや文字入力時に自動的に作られるレイヤーを利用してきましたが、レイヤーを新規作成することもできます。新規レイヤーは最初は透明なので、作成しても写真上には変化がありません。

① その上に新しいレイヤーが追加されます。

HINT
選択しているレイヤーに注意

新規レイヤーはレイヤーパネルの現在選択中のレイヤーの上に追加されます。複数のレイヤーで作業するときは、誤って別のレイヤーを編集しないよう注意しましょう。

2 レイヤー上をグラデーションで塗りつぶす

1 <その他>をクリックし、
2 <スウォッチ>をクリックし、
3 描画色を選びます。

KEYWORD
グラデーション

グラデーションとは色が徐々に変化していく塗りのことです。グラデーションツールや塗りつぶしレイヤーを使って塗ることができます。ここではリニア（線型）グラデーションで新規レイヤー上を塗りつぶします。

4 グラデーションツールを選択して、
5 <リニア>を選択し、
6 グラデーションの透明度を調整します（MEMO参照）。

MEMO
グラデーションの透明度を調整する

初期設定ではグラデーションの不透明度は100％なので、透明感のあるグラデーションで塗りつぶしたい場合は、ツールオプションバーの<不透明度>を下げます。バーを左にスライドさせてください。

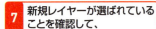

| 7 | 新規レイヤーが選ばれていることを確認して、 |

| 8 | 写真上をドラッグすると、 |

MEMO

効果をかけるときはレイヤーを必ず確認する

作業中、気づかないうちにほかのレイヤーを選択していることがあります。効果をかけるときは現在選択しているレイヤーを確認し、選択されていない場合はクリックして選択しましょう。
間違えてもタスクバーの＜取り消し＞ボタン で操作を取り消すことができます。

| 9 | グラデーションで塗りつぶされます。 |

HINT参照。

HINT

グラデーションの種類

グラデーションの種類はツールオプションバーで選択することができます。「直線グラデーション（リニア）」「円形グラデーション」「円錐型グラデーション（角度）」「反射型グラデーション」「菱形グラデーション」の5種類です。

STEPUP

グラデーションツールのツールオプションバー

グラデーションツールのツールオプションバーでは、グラデーションのパターンや形を選択したり、パターンを編集したりすることができます。

定義済みのグラデーションを選択します。

グラデーションのパターンを編集します。

6 複数の写真を組み合わせよう

3 レイヤーの順番を入れ替える

1 レイヤーを下にドラッグすると（ここでは「レイヤー2」の下にドラッグ）、

HINT参照。

2 順番が入れ替わります。

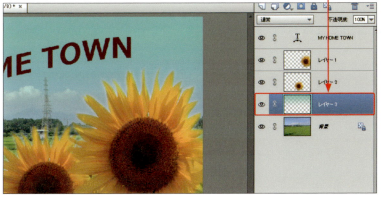

3 ここをクリックして、

4 ＜リニアライト＞を選択します。

5 コントラストが強調された合成方法になります。

MEMO

レイヤーの順番の入れ替え

レイヤーパネル上での順番が入れ替わると、編集画面上でもレイヤーの重なり順が変わります。ここではグラデーションのレイヤーを背景の上に移動しているので、背景のみにグラデーションがかかった状態となっています。

HINT

背景をレイヤーにする

背景レイヤーはロックされているため、順番を変えることができません。背景レイヤーを通常のレイヤーに変えたい場合は、レイヤーパネルの背景レイヤーをダブルクリックします。＜レイヤープロパティ＞ダイアログボックスが表示されるので、そのまま＜OK＞をクリックします。

KEYWORD

描画モード

レイヤーには描画モードを設定することができます。描画モードとは下のレイヤーの画像との合成方法を決めるものです。初期設定の＜通常＞が選ばれている場合、単純に下のレイヤーの上に塗り重ねられますが、それ以外を選ぶとピクセルの色に応じて複雑に変化します。ここで選択している「リニアライト」は、カラーの覆い焼きと焼き込みを行い、明るい部分をより明るく、暗い部分をより暗くします。

4 レイヤースタイルを利用する

1 テキストレイヤーを選択して、

2 <レイヤー>メニュー→<レイヤースタイル>→<スタイル設定>の順にクリックすると、

3 <スタイル設定>ダイアログボックスが表示されます。

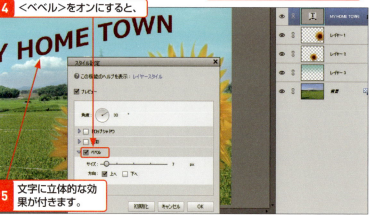

4 <ベベル>をオンにすると、

5 文字に立体的な効果が付きます。

6 <サイズ>と<方向>を調整して、

7 <OK>をクリックします。

KEYWORD

レイヤースタイル

レイヤースタイルはレイヤーに設定できる特殊効果です。「ドロップシャドウ（影）」「光彩」「ベベル」「境界線」の4種類を設定できます。レイヤースタイルを設定すると、レイヤーパネルに fx アイコンが追加されます。

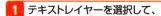

ドロップシャドウ、光彩、ベベル、境界線の設定例。

複数の写真を組み合わせよう

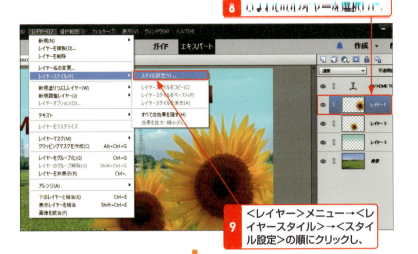

STEP UP

レイヤースタイルの設定を変更するには?

レイヤースタイルを設定すると、レイヤーに fx アイコンが表示されます。レイヤースタイルを後から変更するには、レイヤーに表示されている fx アイコンをダブルクリックして＜スタイル設定＞ダイアログボックスを表示します。

ここをダブルクリックします。

MEMO

ドロップシャドウ

ドロップシャドウは、レイヤー上の対象物に影を付けて立体感を出す効果です。サイズ（影の大きさ）や距離、不透明度や色を設定できます。

HINT

Photoshop形式で保存する

テキストレイヤーなどのレイヤーは、Photoshop形式で保存しないと保持されません。作業が一段落したら、Photoshop形式でファイルを保存しておきましょう（P.225参照）。

Section 76 パノラマ写真を作成しよう

覚えておきたいキーワード
Photomerge Panorama
Photomerge

Photomerge Panoramaを使用すると、連続した複数の写真をつなぎ合わせて迫力ある1枚のパノラマ写真を作ることができます。

Before
複数の写真を合成したい。

After
パノラマ写真にできた。

1 素材を指定して合成する

1 合成したい写真をElements Editorで開きます。

KEYWORD

Photomerge Panorama

Photomerge Panoramaは向きを変えながら撮影した写真や、横に移動しながら撮影した写真を素材として、パノラマ写真を作る機能です。素材にする写真には、15〜40％共通部分が必要です。

KEYWORD

Photomerge

Photomerge(フォトマージ)は複数の写真を自動的に合成する機能です。ここで紹介するPhotomerge Composeのほかにも5種類の機能が用意されています(詳細はP.235のKEYWORD参照)。

MEMO

複数のレイヤーで合成される

完成したパノラマ写真は、素材となった写真それぞれが1つのレイヤーとなっています。写真は変形されており、「レイヤーマスク」という機能によって複雑な形に切り抜かれています。

HINT

オプション

①画像を合成

　画像間で最適な合成個所を探して、画像のつなぎ目を作成します。

②周辺光量補正

　エッジが暗くなってしまった部分の明るさを補正します。

③歪曲収差の補正

　広角レンズで撮影した際などに生じるゆがみを補正します。

④コンテンツに応じた塗りつぶしを透明な領域に適応

　合成によって生じた透明な領域にも塗りつぶしを行います。

'76 パノラマ写真を作成しよう

6 複数の写真を組み合わせよう

233

10 パノラマの合成が行われます。

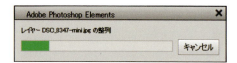

11 エキスパートモードが起動します。

12 写真の幅を塗りつぶすかどうか聞かれるので、ここでは＜いいえ＞をクリックします（MEMO参照）。

13 ガイドモードに戻ります。

HINT

写真の合成には時間がかかる

写真の合成にかかる時間はパソコンの性能によっても異なりますが、素材となる写真の枚数が多くて解像度が高い場合は、時間が長くかかるようになります。また、素材が不適切な場合は「パノラマ画像を作成することができません」と表示が出て失敗することがあります。

MEMO

写真の幅を塗りつぶす

Photomerge Panoramaでは、パノラマ写真を合成する際の方法を7種類から選択できます。＜自動＞を選択した場合、合成方法は自動的に適切なものが選択されます。また、＜手動設定＞を選択した場合は、写真をドラッグして配置を調整する画面が表示されます。

HINT

レイアウトの選択

Photomerge Panoramaでは、パノラマ写真を合成する際の方法を7種類から選択できます。＜自動＞を選択した場合、合成方法は自動的に適切なものが選択されます。また、＜手動設定＞を選択した場合は、写真をドラッグして配置を調整する画面が表示されます。

①遠近法
基準となる1枚に合わせて、他の写真を変形します。

②円筒法
遠近法で生じる蝶ネクタイ型のゆがみを補正します。

③球面法
球面内部に貼り付けるようにレイアウトします。

④コラージュ
写真を回転・拡大・縮小して合成します。

⑤位置の変更
写真の位置だけを調整します。

円筒法

2 余白を切り取る

1 <クイック>をクリックすると、

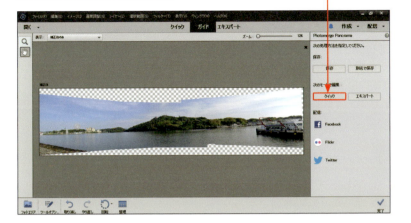

2 クイックモードが起動します。

3 切り抜きツールを選択して、

4 余白を含めないようにドラッグすると、

5 切り抜き範囲がグリッドで囲まれます。

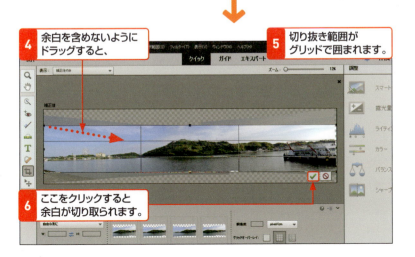

6 ここをクリックすると余白が切り取られます。

MEMO

編集と保存

ここでは、余白を簡単に切り取るためにクイック編集モードの切り抜きツール（Sec.46参照）を使用して続きの編集を行います。手順**1**の画面で＜完了＞をクリックした場合は、余白が切り取られない状態でガイド編集付きモード画面に戻ります。＜エキスパート＞をクリックした場合は、エキスパート編集モードが起動します。このままの状態で保存することもできます。

KEYWORD

Photomergeの機能

Photomerge Exposure
露出の異なる一連の画像を合成して、適切な露出の写真にします。

Photomerge Faces
顔のパーツを集めて福笑いのように合成します。

Photomerge Group Shot
複数の写真のいい部分を集めて集合写真を作成します（Sec.77参照）。

Photomerge Scene Cleaner
複数の写真から余計なものが写っていない部分を合成します。

複数の人物写真を1つにまとめよう

覚えておきたいキーワード
- Photomerge Group Shot
- 集合写真の作成

集合写真に目を閉じている人や下を向いている人が写っていることがあります。そんなときはPhotomerge Group Shotで、複数の写真のいい部分を集めて合成しベストな写真を作成できます。

Before / After
2つの写真のいい部分を集めて合成したい。
1つの写真を作り出すことができた。

1 素材となる写真を指定する

1 素材にしたい2枚の写真をElements Editorで開きます。

KEYWORD

Photomerge Group Shot

Photomerge Group Shotは、何枚かの集団写真を合成して、最適なものを作り出す機能です。最大10枚までの写真を合成することができます。なお、複数の写真をまとめて選択するには、Elements Organizerで、Ctrlキー（OS Xではcommandキー）を押しながら目的の写真をクリックします（P.64のKEYWORD参照）。

複数の人物写真を1つにまとめよう

2 <ガイド>をクリックし、
3 <Photomerge>をクリックし、

4 <Photomerge Group Shot>
をクリックすると、

5 Photomerge Group Shot
のガイドが表示されます。

6 <フォトエリア>を
クリックします。

7 表示された画像のうち一方を<最終>
にドラッグし（右中のMEMO参照）、

8 もう一方をクリックして
<元の写真>に選びます。

うまく写真を合成できるように、写真
の位置が自動で調整されます。

MEMO

<元の画像>を指定する

Photomerge Group Shotを起動した場合は、選択した画像のうち1枚が<元の画像>に表示されます。ほかの画像を<元の画像>にしたい場合は、フォトエリアでその画像をダブルクリックして切り替えてください。

MEMO

<最終>を指定する

<最終>に表示されている写真に、<元の画像>に表示されている写真の一部を合成して、仕上がりの合成写真を作成します。

HINT

素材にする写真の注意

Photomerge Group Shotを利用する場合、素材にする写真は構図や明るさなどがほとんど同じものを選択します。構図が大きく異なる場合、自然に合成することができません。

2 合成する部分を指定する

1 ＜鉛筆ツール＞をクリックし、

2 ＜サイズ＞でマウスポインターのサイズを調整して、

3 ＜元の写真＞から合成したい部分を囲むようにドラッグすると、

MEMO

合成する部分の指定

写真を指定したら、＜鉛筆ツール＞を使って＜元の画像＞の合成部分を指定します。目的の部分に線を引くか囲むだけで、対象の輪郭が自動的に検出され、写真が合成されます。

HINT

輪郭に重なるようにドラッグする

＜鉛筆ツール＞を使って写真上をドラッグするとマウスポインターの大きさに応じた線が描画されますが、この線は必ず合成したい被写体の輪郭に重なるようにしましょう。線で塗られた部分のみが輪郭の自動検出の対象になるためです。

| 4 | 囲んだ部分が、最終の写真に合成されます。 | 顔がダメしたかを用いたが異なってしまいました。 |

HINT

合成範囲の調整

左の手順のように＜鉛筆ツール＞による線が被写体からはみ出してしまうと、＜最終＞の写真がはみ出した部分に覆われるように合成されてしまいます。このような場合は、＜消しゴムツール＞を使ってはみ出した線を消去します。

| 5 | ＜消しゴムツール＞をクリックして、 |

| 6 | ＜サイズ＞でマウスポインターのサイズを調整して、 |

7	はみ出した部分を消すようにドラッグすると、
8	消えてしまった部分が現れます。
9	＜次へ＞をクリックします。

HINT

合成部分を確認する

手順4の画面で＜領域を表示＞をオンにすると、写真の合成範囲が色分け表示されます。下図の例では、黄色い部分が＜元の画像＞の写真が合成された範囲で、青い部分が＜最終＞の写真で表示される範囲になっています。＜鉛筆ツール＞や＜消しゴムツール＞を使った合成がうまくいかない場合は、合成範囲を確認しながら調整するようにしましょう。

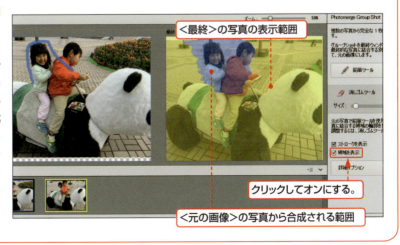

＜最終＞の写真の表示範囲
クリックしてオンにする。
＜元の画像＞の写真から合成される範囲

77 複数の人物写真を1つにまとめよう

6 複数の写真を組み合わせよう

239

3 余白を切り取る

P.239の手順9の後、合成した写真が新たに作成されます。

1 ＜クイック＞をクリックすると、

MEMO参照。

2 クイックモードが起動します。

3 切り抜きツールを選択して、

4 余白を含めないようにドラッグすると、

5 切り抜き範囲がグリッドで囲まれます。

6 ここをクリックすると余白が切り取られます。

MEMO

編集と保存

ここでは、余白を簡単に切り取るためにクイック編集モードの切り抜きツール（Sec.46参照）を使用して続きの編集を行います。手順1の画面で＜完了＞をクリックした場合は、余白が切り取られない状態でガイド編集付きモード画面に戻ります。＜エキスパート＞をクリックした場合は、エキスパート編集モードが起動します。このままの状態で保存することもできます。

HINT

余白ができてしまった場合は？

Photomerge Group Shotでは、＜元の写真＞に指定した写真を基準に、ほかの写真の位置や傾きが決められます。左の例で合成した2つの写真が上下にずれて、一方がやや傾いているのは、写真の背景がつながるように自動的に調整されているためです。そのため、写真を合成したときに余白ができてしまうことがあります。このような場合は、切り抜きツールを使って余白のない写真に切り取ります。

第7章

RAW現像を楽しもう

Section		
	78	RAW現像の基本を知ろう
	79	Camera Rawの基本操作を知ろう
	80	露光量を補正しよう
	81	彩度を調整しよう
	82	ホワイトバランスを調整しよう
	83	輪郭を調整しよう
	84	RAWファイルを保存しよう

Section 78 RAW現像の基本を知ろう

覚えておきたいキーワード
JPEGファイル
RAWファイル

Photoshop ElementsではJPEGファイルだけではなくRAWファイルの編集や加工を行うことができます。最初に RAWファイルとは何か について理解しましょう。

1 RAWファイルとは何か

JPEGファイルとRAWファイルの違い

	JPEGファイル	RAWファイル
メリット	・特別なソフトがなくてもPCで開くことができる ・そのまま印刷できる ・ファイルサイズが小さい ・一般的なファイル形式なのでデータ交換に適している	・ファイルのもっている情報量が多いので本格的な写真編集に利用できる
デメリット	・ファイルのもっている情報量が少ないので本格的な写真編集には適さない	・ファイルサイズが大きい ・そのままの状態で印刷できない ・専用のソフトで現像処理を行う必要がある ・カメラのメーカーごとにファイル形式が異なるのでデータ交換に適さない

KEYWORD

JPEGファイルとRAWファイル

一般的に写真データとして使用されている形式は「JPEG」で、本書もここまですべてJPEGを前提に解説しました。「RAW(ロウ)」とは、JPEGとは異なった写真データの形式の総称です。RAWは英語で「生」や「未加工」を表す言葉で、RAWファイルはカメラ内で画像処理されていない、撮像素子がデジタル化したそのままのデータのことです。JPEGに比べて写真の情報量をより多く保存し、本格的な写真編集に利用できるという長所があります。反面そのままだと印刷できなかったり、ファイルサイズが大きすぎたりといった短所もあります。専用のソフト(Photoshop ElementsではCamera Rawプラグイン)を使用してパソコンで現像処理を行う必要があります。

MEMO

RAW現像のメリット

RAWファイルはデジタルカメラ内で現像処理が行われていないことから、多くの情報をもっています。そのため、より品質の高い写真に仕上げることができます。

JPEGファイル

RAWファイル

2つの画像を比較すると、RAWファイルのほうが陰影部分や色みの情報量が多いことがわかります。情報量の多いRAWファイルの状態で補正・加工を行ったほうが、より品質の高い写真に仕上げることができます。

2 Camera RawでできるRAWファイルの補正

露光量の調整

彩度の調整

ホワイトバランスの調整

輪郭の調整

KEYWORD

Camera Raw

RAWファイルの補正・加工や現像処理は、Elements Editorではなく、Camera Rawという内蔵プラグインで行います。Camera Rawプラグインでサポートされているカメラ機種の最新情報は、Adobe社のWebサイト（https://helpx.adobe.com/jp/photoshop/camera-raw.html）より確認できます。

MEMO

Camera Rawプラグインのアップデート

Camera Rawプラグインは随時アップデートされています。詳細についてはAdobeのサポートページ（https://helpx.adobe.com/jp/photoshop-elements/kb/225598.html#anc_b）で確認してください。アップデートの確認が表示されたら、アップデートしておきましょう。

HINT

RAWで撮影するにはカメラ側での設定が必要

一般のデジタルカメラでは、通常はJPEGで撮影する設定になっていることもあります。お手もちのカメラの説明書を読んで、RAW撮影できる状態に設定し直しましょう。

Section 79 Camera Rawの基本操作を知ろう

覚えておきたいキーワード
Camera Raw
Elements Editor

RAWファイルはPhotoshop Elementsに内蔵のCamera Rawというソフトで開くことができます。ここでは基本的な操作方法と画面の見方について覚えましょう。

1 RAWファイルを開く

Elements OrganizerにRAW画像を取り込んでおきます。

1 RAW形式の写真を選択し（HINT参照）、

HINT参照。

2 ＜編集＞をクリックすると、

3 Camera Rawで写真が開かれます。

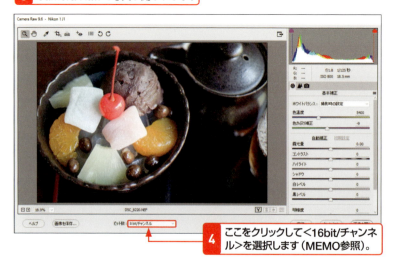

4 ここをクリックして＜16bit/チャンネル＞を選択します（MEMO参照）。

HINT
RAWとJPEGの見分け方

RAWとJPEG両方のファイルがあって、一見しただけではどちらがRAWファイルかわからない場合は、＜タグ／情報＞をクリックし、＜情報＞からファイル名やサイズを見て判断しましょう。なお、RAWファイルの拡張子（下の画像の場合は.NEF）はカメラのメーカーごとに異なります。

MEMO
16bitで編集する

bit（ビット）数が多いほど色情報は多くなります。RAWはJPEGよりも多くの色情報をもつことができるので、16bitで編集しましょう。

7 RAW現像を楽しもう

2 Camera Rawの画面構成

主な項目名	解説
ズームレベル	写真の拡大率を調整できます。
ツールバー	よく使うツールがまとめられています（P.253のHINT参照）。
RGB値	マウスポインターに合わせてその位置のRGB値を表示します。
表示オプション	ここでプレビュー表示やフルスクリーン表示に切り替えられます。
ヒストグラム	現在の色調の範囲を示します。
画像の設定	撮影時の設定が表示されます。
ビット数オプション	8ビットまたは16ビットに切り替えます。
<基本補正>タブ	主に明るさや色を補正するための機能がまとめられています。
<ディテール>タブ	シャープなど画質を調整するための機能がまとめられています。
<カメラキャリブレーション>タブ	プロセスバージョンの切り替えを行います。
コントロール	補正機能が表示されています。タブで切り替えることができます。

HINT

補正とヒストグラムの見方

画像補正の目安となるのが、ヒストグラムによる色バランスの表示です。通常、ヒストグラムの表示に偏りのないものが「バランスのよい写真」とされます。そのため、RAW現像ではなるべくこのヒストグラム上の偏りをなくす作業を行います。ただし、あえてバランスを崩して写真に味を出すというテクニックもあります。

ヒストグラム

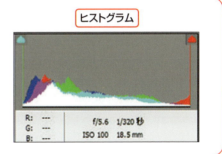

3 補正を保存して閉じる

Camera RawでRAW画像を開き（P.244参照）、編集を行います。

1 ＜完了＞をクリックすると、

MEMO

補正の保存

＜完了＞をクリックすると補正を保存することができます。Elements Editorとは違って保存するかどうかを確認するダイアログボックスが表示されず、そのまま上書きされます。なお、上書き保存された場合も、補正内容の初期化（下のMEMO参照）を行うと、初期状態に戻すことができます。

2 Camera Rawが閉じ、Elements Organizerの画面に戻ります。

3 再びCamera Rawで開くと、

4 補正内容が保存されていることがわかります。

右下のMEMO参照。

MEMO

補正内容の初期化

補正内容を初期化したい場合はコントロール右上の≡をクリックし、＜Camera Raw初期設定に戻す＞をクリックします。

4 別ファイル形式で保存する

Camera RawでRAW画像を開いておきます（P.244参照）。

1 <画像を開く>をクリックすると、

HINT参照。

2 Elements Editorでファイルが開かれます。（右下のMEMO参照）。

3 <ファイル>メニュー→<別名で保存>の順にクリックします。

4 ファイル名を入力して、

5 <Photoshop>を選択し、

6 <保存>をクリックします。

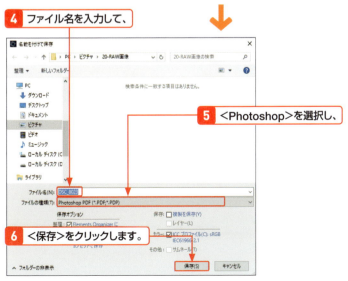

MEMO

別ファイル形式での保存

RAWファイルはそのままでは通常の写真データとしては使用できないため、補正が済んだら別ファイル形式で保存しておきます。保存できる形式は、PSD、JPEG、TIFF、DNG形式です。

HINT

<画像を保存>ではない

<画像を保存>をクリックすると、RAWファイルをDNGという特殊な形式で保存するための画面に切り替わります。詳細はSec.84を参照してください。

MEMO

そのままElements Editorで編集できる

Elements Editor起動後は、そのままRAW画像をEditorの機能を使用して編集できるようになります。さらに編集を続けたいときに利用しましょう。

Section 80 露光量を補正しよう

覚えておきたいキーワード
- 露光量
- コントラスト

写真全体の明るさは露光量で決まります。情報の多いRAWファイルでは、細部にわたってより細かな露光量の調整を行えるので、被写体を引き立たせるような効果を与えることができます。

Before：全体的に薄暗く、ぼんやりしている。
After：明るくしてメリハリを付けた。

1 ＜露光量＞スライダーを利用する

Camera RawでRAW画像を開いておきます（P.244参照）。

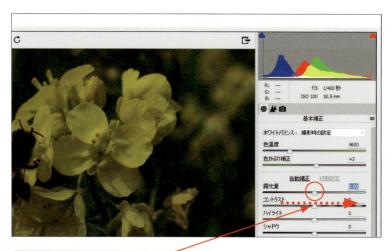

1 ＜露光量＞スライダーをドラッグすると、

KEYWORD

露光量

「露光量」とは写真全体の明るさのことをいいます。露光量が高い写真ほど全体的に明るく、低い写真ほど全体的に暗くなります。

2 写真の全体的な明るさが調整されます。

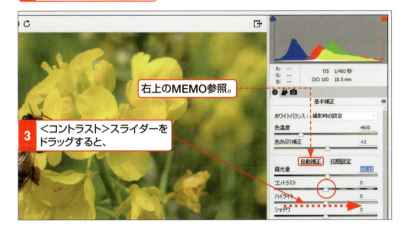

3 ＜コントラスト＞スライダーをドラッグすると、

右上のMEMO参照。

4 写真にメリハリが付きました。

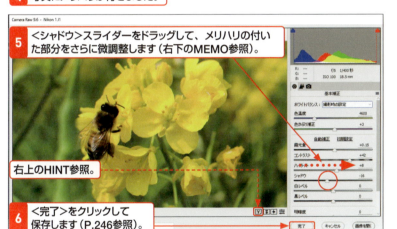

5 ＜シャドウ＞スライダーをドラッグして、メリハリの付いた部分をさらに微調整します（右下のMEMO参照）。

右上のHINT参照。

6 ＜完了＞をクリックして保存します（P.246参照）。

MEMO

自動補正機能の利用

＜自動補正＞をクリックすると、いくつかの補正機能を組み合わせて自動的に補正してくれます。

HINT

並べて表示する

画面下部の [Y] をクリックすると、補正前と補正後の画像が並べて表示されます。

MEMO

シャドウとハイライト

シャドウでは暗いトーンのレベルを、その下のハイライトは明るいトーンのレベルを調整できます。コントラストを強めた後に調整を加えると、より深みのある仕上がりにできます。

HINT

クリッピング警告

ヒストグラム上部の ■ □ をクリックすると、画像中で黒つぶれしている部分（シャドウクリッピング警告）■ と、白飛びしている部分（ハイライトクリッピング警告）□ を、それぞれハイライト表示してくれます。

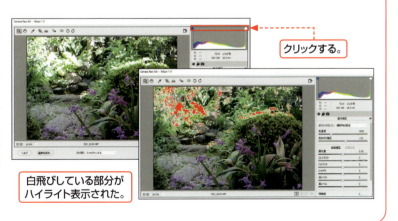

白飛びしている部分がハイライト表示された。

クリックする。

Section 81 彩度を調整しよう

覚えておきたいキーワード
彩度
自然な彩度

写真全体がくすんで見えるときは彩度を調整しましょう。彩度を上げて色鮮やかにすることで、撮影時のときのようないきいきとした被写体の表情がよみがえります。

Before：撮影時のイメージとは違い、くすんで見える。
After：実の鮮やかさがよみがえった。

1 <彩度>スライダーを利用する

Camera RawでRAW画像を開いておきます（P.244参照）。

1 ここを下にスクロールします。

KEYWORD

彩度

彩度とは、色の鮮やかさを表す値です。彩度を上げるとそれぞれの色が原色に近づき、赤はより赤く、青はより青くなります。彩度を下げると色が浅くなり、灰色に近づきます。

2 <彩度>スライダーをドラッグすると、

MEMO参照。

3 全体の彩度が上がります。

4 <完了>をクリックして保存します（P.246参照）。

HINT参照。

MEMO

<明瞭度>スライダー

<明瞭度>スライダーを右にドラッグすると、被写体の輪郭がくっきりします。写真に力強さを与えたいときに効果的ですが、左にドラッグしてソフトフォーカスがかかったような効果を与えることもできます。

明瞭度を下げてふんわり見せる。

HINT

<自然な彩度>の利用

<彩度>スライダーでは全体の彩度を高めてくれますが、上げすぎると元々はわずかに色が付いていた部分が完全な赤や青に変わってしまい、写真の色のバランスが崩れてしまうことがあります。<自然な彩度>を利用すると、色のバランスがおかしくならない範囲で彩度を調整できます。

81 彩度を調整しよう

7 RAW現像を楽しもう

Section 82 ホワイトバランスを調整しよう

覚えておきたいキーワード
ホワイトバランス
ホワイトバランスツール

撮影時の天候や環境によっては、本来の色合いが適切に表現されない場合もあります。そのようなときはホワイトバランスを調整しましょう。ホワイトバランスツールを使うと部分ごとに調整できます。

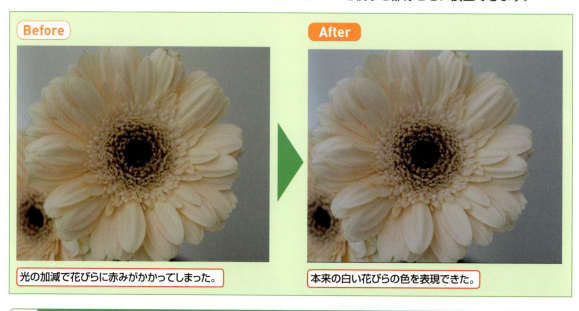

Before: 光の加減で花びらに赤みがかかってしまった。
After: 本来の白い花びらの色を表現できた。

1 ホワイトバランスツールを利用する

Camera RawでRAW画像を開いておきます（P.244参照）。

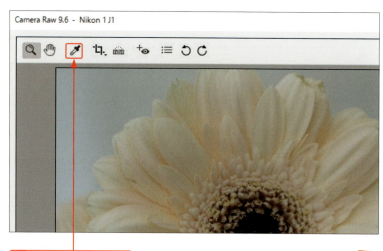

1 ここをクリックします。

KEYWORD

ホワイトバランス

晴天下と曇天下、蛍光灯下と電球下とでは、同じ「白色」なのにまったく違う色として表現されてしまいます。ホワイトバランスとは、光源の種類によらず、適切な「白色」を再現するための補正機能のことをいいます。

2 本来の色が白色の部分をクリックします（右上のHINT参照）。

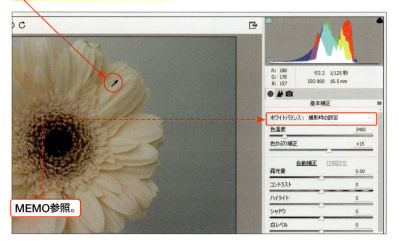

MEMO参照。

3 花びらの白色部分が補正されました。

下のHINT参照。

4 ＜完了＞をクリックして保存します（P.246参照）。

HINT

クリックする部分に注意

ホワイトバランスツールでは、クリックした部分のもつ色情報をもとに、全体の色合いを調整します。そのため、できるだけ正確な色の部分をクリックしましょう。

クリックする場所を間違えると色のバランスが崩れます。

MEMO

プリセットの利用

ここでは手動で設定しましたが、ホワイトバランスの設定には各種プリセットが用意されています。手軽に調整したい場合に使うとよいでしょう。

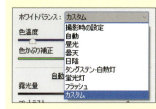

HINT

ツールバーの利用

左上のツールバーには、よく使うツールがまとめられています。半角英数字が入力できる状態で、ツール名の横に記載されているアルファベットのキーを押すと、そのツールに切り替えることができます。

アイコン	ツール名
🔍	ズームツール [Z]
✋	手のひらツール [H]
🖋	ホワイトバランスツール [I]
✂	切り抜きツール [C]
📐	角度補正ツール [A]
👁	赤目修正 [E]

アイコン	ツール名
≡	環境設定ダイアログを開く [Ctrl＋K]
↺	画像を90°回転（反時計回り）[L]
↻	画像を90°回転（時計回り）[R]

Section 83 輪郭を調整しよう

覚えておきたいキーワード
＜ディテール＞タブ
シャープ

写真がぼやけて見えるときは、輪郭部分を調整してみましょう。＜ディテール＞タブのシャープコントロールで行うことができます。

Before：拡大すると輪郭にぶれが生じている。
After：ぶれを補正できた。

1 シャープコントロールを利用する

Camera RawでRAW画像を開いておきます（P.244参照）。

 ここをクリックして、画像を100％以上の表示にします（右ページのHINT参照）。

KEYWORD

シャープ

写真のぼやけた部分を調整する機能を、シャープまたはシャープネスなどといいます。クイックモードにも備わっている基本の機能ですが（Sec.30参照）、Camera Rawではより細部の調整を行うことができます。

2 ここをクリックする

3 <ディテール>タブに切り替わります。

4 それぞれのスライダーを利用して微調整します（右中のMEMO参照）。

5 <輝度>のスライダーを利用して微調整します（右下のMEMO参照）。

6 <完了>をクリックして保存します（P.246参照）。

HINT

画像表示は100%以上で
細かな部分の調整を行うため、プレビュー画像の表示を100%以上に設定する必要があります。

MEMO

シャープコントロールのスライダー一覧
<シャープ>スライダーで調整できるものは以下になります。
・適用量
シャープの適用量を調整します。
・半径
シャープを適用するディテールのサイズを設定します。細かい画像の場合はここを低く設定します。
・ディテール
低くするほど輪郭が鮮明になり、逆に高くするほど画像のテクスチャが鮮明になります
・マスク
0にすると全体に同程度のシャープが適用されます。

MEMO

輝度ノイズの調整
シャープの度合いを強めると、輝度ノイズ（粒子状の不規則模様）が目立つようになってしまうことがあります。<輝度>のスライダーを調整することで、それらを減らすことができます。

Section 84 RAWファイルを保存しよう

覚えておきたいキーワード
- DNG
- Elements Editor

DNG形式に変換して保存することで、カメラの種類によるRAWファイルの規格の違いが統一されるので、ファイルの運用管理をスムーズに行うことができます。

1 DNG形式で保存する

Camera RawでRAW画像を開き（P.244参照）、編集を行います。

1 <画像を保存>をクリックします。

2 ファイル名を入力して、

HINT参照。

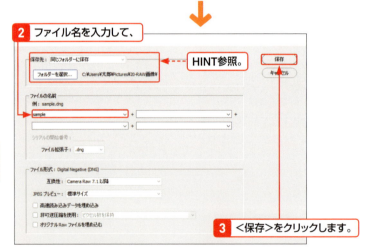

3 <保存>をクリックします。

4 Camera Rawの画面に戻ります。

5 <完了>をクリックして保存します（P.246参照）。

KEYWORD

DNG

DNGとは、Adobe社が提唱しているRAWファイルの統一規格です。DNGファイルやDNG形式と呼ばれることもあります。RAWファイルは各カメラメーカーによって規格や拡張子が異なりますが、DNGファイルに変換することによって、各メーカーのRAWファイル形式を統一して管理・運用することができます。詳しくはAdobe社のWebサイト（https://helpx.adob e.com/jp/photoshop/digital-negative.html）などをご確認ください。

HINT

DNGファイルの保存先

DNGファイルの保存先は、初期設定ではもとのRAW画像の保存されているフォルダーと同じものになります。変えたい場合は、<フォルダーを選択>をクリックして別の保存先を設定しましょう。

第8章
写真を印刷しよう

Section	
85	印刷に必要なものを揃えよう
86	お気に入りの1枚を印刷しよう
87	複数の写真をまとめて印刷しよう
88	写真のカタログを作ろう
89	日付やファイル名を付けて印刷しよう
90	印刷のサイズを自由に調整しよう
91	写真と文字やイラストを組み合わせたはがきを作ろう
92	はがきサイズの画像を作成しよう
93	フレームを選んで写真を挿入しよう
94	はがきに文字を書き加えよう
95	はがきにイラストを追加しよう
96	はがきを印刷しよう

Section 85 印刷に必要なものを揃えよう

覚えておきたいキーワード
プリンター
プリントサービス

この章では写真を印刷していきます。写真を紙に印刷するにはプリンターが必要ですが、プリントサービスを利用する方法もあります。

1 プリンターで印刷する

MEMO
プリンターの利用
Photoshop Elementsから印刷する一般的な方法はプリンターの利用です。家庭用では、インクジェット方式のプリンターが一般的です。専用の光沢用紙などを使うとよりきれいに印刷することができます。

KEYWORD
＜プリント＞ダイアログボックス
写真を印刷する際は、＜プリント＞ダイアログボックスを表示します。1つの用紙に複数の写真をまとめて印刷することもできます。なお、＜プリント＞ダイアログボックスの表示内容や設定できる項目は、お使いのプリンターによって異なることがあります。詳しくはプリンターのマニュアルを参照してください。

2 プリントサービスを利用する

さまざまなプリントサービス例

	特徴
コンビニや大型電気店などの複合機／専用プリンターを利用	すぐ仕上がるので少量の印刷物をその場で早く確認したい場合に適しています
カメラ店などの店頭サービスを利用	店頭で仕上がりを確認できるため品質が保証されている、大量の印刷に適しています
オンラインのプリントサービスを利用	即日完成ではないが外出せずに自宅で受け取れる、大量の印刷に適しています

MEMO

プリントサービス

年に数回しか印刷しないのであれば、プリンターを買う代わりにプリントサービスを利用してもよいでしょう。サイズにもよりますが1枚10～20円程度で印刷することができます。オンラインのプリントサービスでは、写真のファイルをネット経由で送ると、印刷物を自宅に届けてくれます。

3 はがきに合わせて加工する

MEMO

年賀状の作成

この章の後半では、年賀状を作成します。Photoshop Elementsには、はがきのデザインに使える背景やフレーム、イラストなどのさまざまな画像が用意されています。グラフィックパネルを使い、それらを組み合わせて、年賀状以外にも暑中見舞いや引っ越しの報告など、簡単にオリジナルのポストカードを作成することができます。

HINT

プリントサービスで使うファイル形式

プリントサービスでは一般的にJPEG形式のファイルしか受け付けていません。作業中はPhotoshop形式を使い、最後にJPEG形式で保存しましょう（P.284のMEMO参照）。

Section 86 お気に入りの1枚を印刷しよう

覚えておきたいキーワード
個別プリント
用紙指定

写真の印刷は、WindowsではElements OrganizerとElements Editorのどちらからでも同じように実行できます。OS XではElements Editorからしか印刷できません。

1 Elements Organizerから印刷する

Elements Organizerを起動しています。

1 印刷したい写真を選択し、

2 <ファイル>メニュー→<プリント>の順にクリックすると、

MEMO
Elements Organizerからの印刷

Elements Organizer、Elements Editorともに<ファイル>メニュー→<プリント>をクリックして印刷ができます。OS Xではこの操作を行うと、Elements Editorが起動して印刷します。

MEMO
OS Xでは一部の機能は使えない

OS Xではこの章で紹介している印刷機能の一部が使用できません。Windows向けに解説しています。

HINT
プリンターによって画面は異なる

<プリント>ダイアログボックスの設定項目で選択できる用紙サイズやプリントサイズは、使用するプリンターによって異なることがあります。P.261の手順6では<用紙サイズの選択>で<L (borderless)>を選択していますが、プリンターによっては<L（フチなし）>などと表示されることがあります。

3 ＜プリント＞ダイアログボックスが表示されます。

4 印刷に使うプリンターを選択して、

STEPUP参照。

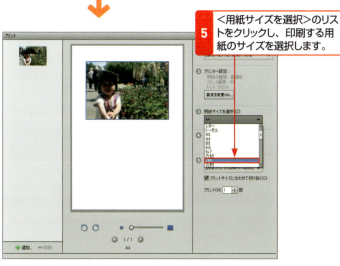

5 ＜用紙サイズを選択＞のリストをクリックし、印刷する用紙のサイズを選択します。

6 ＜プリントサイズを選択＞のリストから印刷サイズを選択して、

用紙に対して写真を回転させます（MEMO参照）。

7 印刷部数を指定し、

用紙に対して写真を拡大・縮小します（MEMO参照）。

8 ＜プリント＞をクリックして印刷を実行します。

HINT

＜プリント＞ダイアログボックスの設定項目

＜プリント＞ダイアログボックスでは、以下の設定を行えます。

① プリンターを選択
   印刷に利用するプリンターを選択します。
② プリンター設定
   用紙サイズや種類、トレイなどのプリンターの設定を行います。
③ 用紙サイズを選択
   用紙サイズを選択します。プリンターで印刷可能なサイズが表示されます。
④ プリント形式を選択
   印刷形式を選択します。
⑤ プリントサイズを選択
   写真の印刷サイズを選択します。
⑥ 用紙設定（ボタン）
   用紙サイズと向きを設定します。
⑦ その他のオプション
   ファイル名や日付の印刷などについて設定をします。

MEMO

サイズを独自に修正するには

写真サイズを独自に修正し印刷したい場合は、回転ボタンや拡大率スライダーを使用します。

STEPUP

高品質な用紙に印刷する

各メーカーが販売している写真プリント専用紙や、インクジェット紙を使うと、印刷物がより美しくなります。こうした専用紙を利用する場合は、＜プリント＞ダイアログボックスの＜設定を変更＞をクリックすると表示される画面で用紙の種類を選んでおきます。なお、この画面はプリンターによって異なることがあります。

Section 87 複数の写真をまとめて印刷しよう

覚えておきたいキーワード
写真のプリント
ピクチャパッケージ

複数の写真をまとめて1枚の用紙に印刷することができます。この印刷方式を**ピクチャパッケージ**といいます。

1 ピクチャパッケージを印刷する

1 まとめて印刷したい複数の写真を選択して、

2 <ファイル>メニュー→<プリント>の順にクリックします。

HINT

複数の写真を選択する

Elements Organizerで複数の写真を選択するときは、Ctrl (OS Xではcommand) を押しながらクリックしていきます (P.64のKEYWORD参照)。

MEMO

OS Xではピクチャパッケージは使えない

OS Xではピクチャパッケージ機能は使用できません。

MEMO

写真を選択せずに印刷すると

写真を1枚も選択していない状態で、<ファイル>メニュー→<プリント>の順にクリックすると、「現在表示されているすべての写真をプリントしてよろしいですか？」と表示されます。アルバム内の写真をすべて印刷したいときなどに利用すると便利です (Sec.19参照)。

KEYWORD

ピクチャパッケージ

複数の写真を並べる印刷方式をピクチャパッケージといいます。写真は用紙内に収まるよう縮小されます。ピクチャパッケージでは印刷レイアウトを選択できますが、レイアウトの一覧に表示される内容は、用紙サイズによって変わります。

MEMO

フレームを選択する

＜フレームを選択＞で＜なし＞以外を選択すると、写真を枠で囲むことができます。

HINT

インデックスプリントとの違い

インデックスプリントでも複数の写真を印刷できますが、そちらは写真のカタログを作るのが目的なので、写真は正方形に切り取られます（Sec.88参照）。

Section 88 写真のカタログを作ろう

覚えておきたいキーワード
写真のプリント
インデックスプリント

どんな写真があるか確認できるカタログを作るには、**インデックスプリント**を利用します。最大横9列までのサムネールを並べた写真の一覧表を作ることが可能です。

1 インデックスプリントで印刷する

1 写真を1枚も選択していない状態で、

2 <ファイル>メニュー→<プリント>の順にクリックします。

↓

3 <はい>をクリックすると、

MEMO
インデックスプリント
インデックスプリントは写真の目録を作るときに役立つ印刷方式です。

MEMO
OS Xではインデックスプリントは使えない
OS Xではインデックスプリント機能は使用できません。

HINT
警告が表示される
左の例では写真を選択せずに手順を進めていますが、選択した複数の写真をインデックスプリントで印刷することもできます。
なお、手順**3**の画面に続けて下図が表示されることがあります。これはElements Organizerに動画など写真として扱えないファイルが含まれている場合に表示されるもので、<OK>をクリックして手順を進めます。

4 リストから写真が選択されます。

5 用紙サイズを確認します。

6 ＜個別プリント＞をクリックし、＜インデックスプリント＞を選択します。

7 列数を設定して、

HINT参照。

8 ＜プリント＞をクリックして印刷を実行します。

HINT

写真のファイル名を印刷する

手順 6 の＜インデックスプリント＞を選んだ状態で、＜プリントオプションを表示＞をオン ☑ にすると、写真のファイル名や撮影日時なども一緒に印刷することができます。

STEPUP

個別プリントにファイル名を付ける

上のHINTはインデックスプリントで日付やファイル名を印刷する方法です。個別プリント（Sec.86参照）で日付やファイル名を印刷するには、＜その他のオプション＞をクリックして、＜その他のオプション＞ダイアログボックスを表示して設定します。

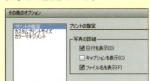

Section 89 日付やファイル名を付けて印刷しよう

覚えておきたいキーワード
その他のオプション
プリントの指定

写真に付いているキャプションや日付も一緒に印刷したい場合は、その他のオプションのプリントの指定を利用します。ここでは写真に枠線を付けることもできます。

1 ＜プリントの指定＞を利用する

1 印刷したい写真を選択して、

2 ＜ファイル＞メニュー→＜プリント＞の順にクリックします。

3 用紙サイズを選択して、

4 ＜その他のオプション＞をクリックします。

MEMO

さまざまな印刷オプション

＜プリント＞ダイアログボックスの＜その他のオプション＞では、さまざまな印刷オプションを付けることができます。特にここで扱う＜プリントの指定＞では以下のオプションが利用できます。

①写真の詳細
日付やキャプション、ファイル名が印刷できます。
②レイアウト
1枚に印刷する写真の枚数を変更できます。
③アイロン転写
反転画像を選択します。

5 「その他のオプション」画面が表示されます。

6 <日付を表示>をクリックします。

HINT参照。

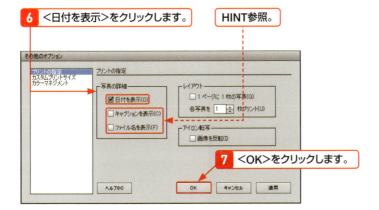

7 <OK>をクリックします。

8 日付とキャプションが表示されました。

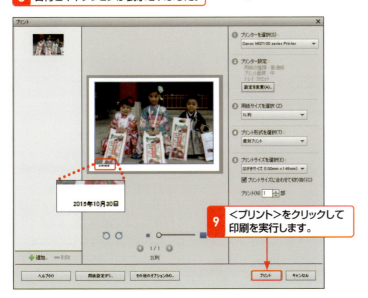

9 <プリント>をクリックして印刷を実行します。

HINT

キャプションやファイル名も印刷する

手順6で「キャプションを表示」「ファイル名を表示」にチェックを付けると、それらも表示されて印刷されます。なお、キャプションはあらかじめ付けておく必要があります。キャプションの付け方はP.82のHINTを参照してください。

STEPUP

Elements Editorからプリントすると利用できる機能

Elements Editorから<プリント>ダイアログボックスを開くと、ここで紹介している以外に以下の機能を使用できます。
Elements Editorで<プリント>ダイアログボックスを表示するには、<ファイル>メニュー→<プリント>をクリックします。

・境界線
写真に枠線を付けることができます。

・トリミング用のガイドライン
トンボ（写真の四隅のガイドライン）を表示します。

背景や枠線を設定できます。

Section 90 印刷のサイズを自由に調整しよう

覚えておきたいキーワード
その他のオプション
カスタムプリントサイズ

写真サイズの影響を受けずに印刷サイズを自由に変えたい場合は、カスタムプリントサイズを利用します。用紙サイズいっぱいに印刷することもできます。

1 ＜カスタムプリントサイズ＞を利用する

1. 印刷したい写真を選択して、
2. ＜ファイル＞メニュー→＜プリント＞の順にクリックします。

3. 用紙サイズを選択して、
4. ＜その他のオプション＞をクリックします。

KEYWORD

カスタムプリントサイズ

＜カスタムプリントサイズ＞では、印刷の幅と高さをcmやmm単位で指定できます。用紙サイズに合わせて写真を拡大・縮小することもできます（P.269のMEMO参照）。

STEPUP

ガイドモードを利用する

プリントサイズを変更する方法は、ここで紹介している方法以外にガイドモードの「写真のサイズ変更」を利用する方法もあります（Sec.97参照）。

5 <カスタムプリントサイズ>を クリックします。

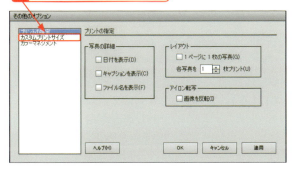

6 ここに印刷したい大きさの数値を入力します。

MEMO参照。

7 <OK>をクリックします。

HINT参照。

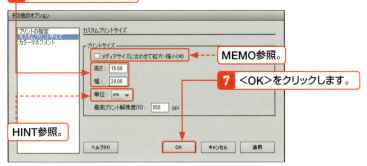

8 入力した数値に合わせて写真がトリミングされました。

STEPUP参照。

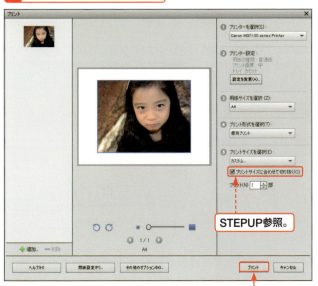

9 <プリント>をクリックして印刷を実行します。

MEMO

用紙いっぱいに印刷する

<メディアサイズに合わせて拡大・縮小>をオンにすると、印刷用紙いっぱいに印刷できますが、用紙の大きさによっては画像が粗くなることもあるので注意しましょう。

HINT

印刷の大きさの単位

印刷の大きさの単位は、inch、cm、mmから選択できます。

STEPUP

トリミングなしにもできる

<プリントサイズに合わせて切り抜く>のチェックをオフにすると、用紙よりも写真のサイズが大きいときも写真のトリミングは行われず、高さと幅いずれかに合わせた画像になります(下の画像の場合は幅に合わせています)。

Section 91 写真と文字やイラストを組み合わせたはがきを作ろう

覚えておきたいキーワード
- はがき印刷
- 素材

ここから数ページにわたって、写真を使用した年賀状の作成方法（はがきの作成・印刷方法）を解説します。ここでは大まかな作業の流れを解説します。

1 はがきサイズの画像を作成する

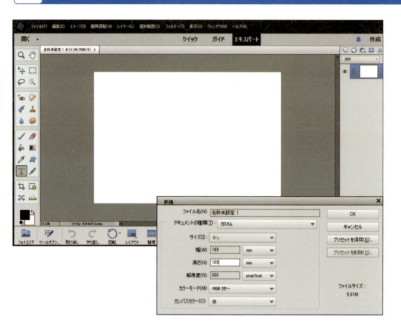

MEMO

画像の新規作成

郵政はがき（旧官製はがき）のサイズは、100mm×148mmです。横長で作成したい場合は幅148mm、高さ100mmと指定します。

2 フレームを使って写真を配置する

MEMO

フレームの利用

グラフィックパネルから利用できる「フレーム」を利用すると、額縁を配置してその中に写真を読み込むことができます。複数の写真を読み込むことも可能です。

3 背景を設定する

MEMO
背景の設定
グラフィックパネルには、背景用の画像も用意されています。ダブルクリックするだけで「背景」レイヤーに適用してポストカードの背景にすることができます。

4 文字を書き込む

MEMO
文字の書き込み
文字の書き込みには、文字ツールを利用します。メッセージを書き込むのに便利です。

5 イラストを追加する

MEMO
イラストの追加
Photoshop Elementsには、イラストが付属していてはがきなどを飾ることができます。干支のイラストもあるので、年賀状作成には最適です。

Section 92 はがきサイズの画像を作成しよう

覚えておきたいキーワード
画像の新規作成
用紙サイズ

まずははがきサイズの**画像を新規作成**しましょう。ここでは一般的な郵政はがきサイズを指定しますが、ほかのサイズを指定したい場合は必要に応じて変更してください。

1 画像を新規作成する

Elements Editorを起動して、エキスパートモードにしておきます。

1 <ファイル>メニュー→<新規>→<白紙ファイル>の順にクリックします。

2 ここをクリックして、

3 <日本標準用紙>を選択し、

MEMO

用紙サイズの選択

郵政はがき（官製はがき）やA4、B4などの一般的な用紙サイズは、<新規>ダイアログボックスのリストから選んで指定することができます。日本で使われる一般的な用紙サイズにするには、<プリセット>の一覧から<日本標準用紙>を選択します。

HINT

クリップボードから作成する

<ファイル>メニュー→<新規>→<クリップボードから>を選択すると、現在クリップボードにコピーされている画像と同じサイズの新規画像を作成できます。

4 <サイズ>と<ハガキ>を選択すると、

5 自動的に幅と高さが設定されます。

↓

6 幅と高さの値を入力して入れ替えて（MEMO参照）、

7 <OK>をクリックすると、

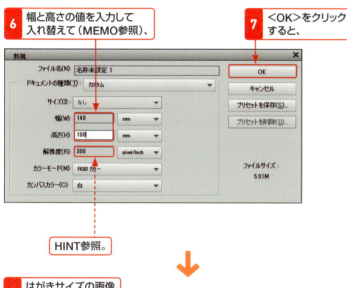

HINT参照。

↓

8 はがきサイズの画像が作成されます。

MEMO

横長のはがきにする

<サイズ>から<はがき>を選択すると、縦長のはがきサイズが設定されるので、横長にしたい場合は幅と高さを入れ替えてください。

STEPUP

テンプレートをダウンロードする

アドビ社のWebサイト（https://forums.adobe.com/community/international_forums/japanese/photoshop_elements/howto-guide/template）からテンプレートをダウンロードして画像をつくるひな形にすることもできます。2016年10月現在ダウンロードできるのは、SNS用のアイコン、ポストカード、グリーティングカードです。

HINT

解像度の設定

解像度とはピクセルの密度のことで、一般的にpixel/inch（ppi＝1インチあたりのピクセル数）という単位で表されます。初期設定の300で通常は問題ありません。

92

はがきサイズの画像を作成しよう

8 写真を印刷しよう

273

Section 93 フレームを選んで写真を挿入しよう

覚えておきたいキーワード
- グラフィックパネル
- フレーム

グラフィックパネルから配置できる「フレーム」を利用して、額縁の中に写真を挿入しましょう。グラフィックパネルからは背景も配置できます。

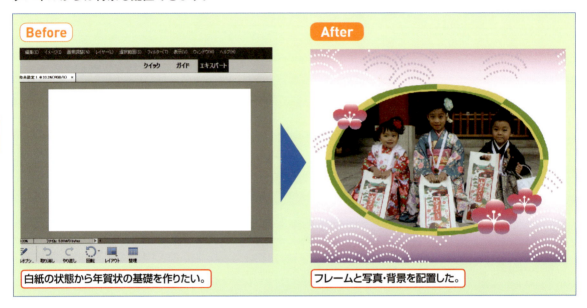

Before: 白紙の状態から年賀状の基礎を作りたい。
After: フレームと写真・背景を配置した。

1 フレームを配置する

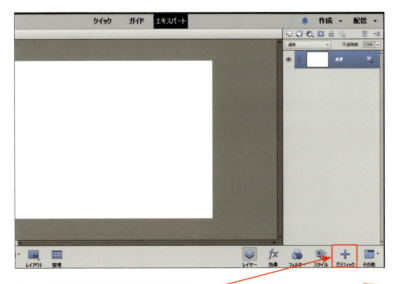

1 ＜グラフィック＞をクリックします。

KEYWORD

グラフィックパネル

グラフィックパネルからは、フレーム、背景、イラストなどのさまざまな素材を配置できます。これらはパネル上のサムネールをダブルクリックするだけで、簡単に画像上に配置できます。

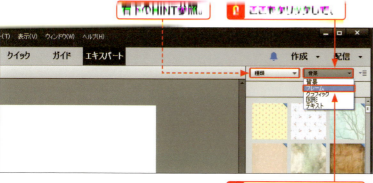

3 ＜フレーム＞を選択して、

4 目的のフレームをダブルクリックすると、

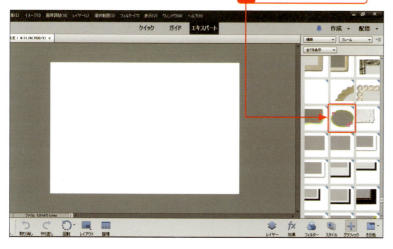

フレームがダウンロードされ、表示されるまでに時間がかかることがあります。

5 画像上に配置されます。

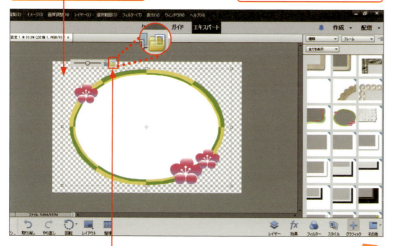

6 右のフォルダーボタンをクリックします。

KEYWORD

フレーム

フレームは中に写真を挿入できる額縁のようなものです。選択中はスライダーが表示され、ドラッグして挿入した写真の拡大率を調整することができます。ここでは1つのフレームしか配置していませんが、複数のフレームを配置することもできます。

HINT

ダウンロードが必要な素材

右上に青い三角が付いた素材は、ダウンロードが必要です。はじめて利用するときに自動的にダウンロードされるため、インターネットに接続しておく必要があります。

HINT

グラフィックパネルの分類

グラフィックパネルの左のリストでは素材の分類方法を選択できます。たとえば＜イベント＞を選択した場合、「お正月」や「学校」などのシチュエーション別の分類で素材を選べるようになります。

フレームを選んで写真を挿入しよう

8 写真を印刷しよう

7 写真を選択して、

8 <配置>をクリックすると、

HINT

写真の加工は先に済ませておく

フレームに読み込む写真は、あらかじめ補正や加工を済ませておきましょう。

9 写真が挿入されます。

右下のHINT参照。

10 スライダーをドラッグして、

11 写真のサイズを調整し、

12 ここをクリックして確定します。

MEMO

写真のサイズと位置の調整

フレームに挿入した写真のサイズは、選択中に表示されるスライダーで調整できます。また、写真上をドラッグして位置を微調整できます。スライダーの横の回転ボタン■をクリックすると、写真を90°回転させることができます。写真を上下反対にしたり、向きを変えたりできます。

HINT

写真を変更するには

いったん確定した後で写真を変更したくなった場合は、フレームをダブルクリックするとスライダーとボタンが表示されるので、右のフォルダーボタン■をクリックします。

14 フレームのサイズと位置を調整し確定します。

15 写真とフレームが配置されました。

MEMO

フレームサイズと位置の調整

移動ツール に切り替えると、フレームのサイズを調整することができます。フレーム内の写真も一緒にサイズ変更されます。 をクリックして確定します。

2 背景を設定する

1 ここをクリックして＜背景＞を選択して、

2 目的の背景をダブルクリックすると、

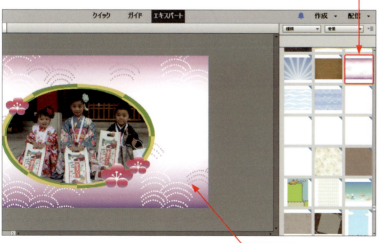

3 背景が設定されます。

MEMO

背景の設定

グラフィックパネルで＜背景＞を選択すると、画像の背景を設定することができます。背景は最背面の「背景」レイヤーに設定されます。

93

フレームを選んで写真を挿入しよう

8 写真を印刷しよう

277

Section 94 はがきに文字を書き加えよう

覚えておきたいキーワード
- 縦書き文字ツール
- ドロップシャドウ

文字ツールを使ってはがきに文字を書き加えましょう。移動ツールやレイヤースタイルを併用すれば、より格好よく文字を入れられます。

Before: はがきの上にメッセージを書き込みたい。
After: ひとこと書き加えることができた。

1 文字を入力する

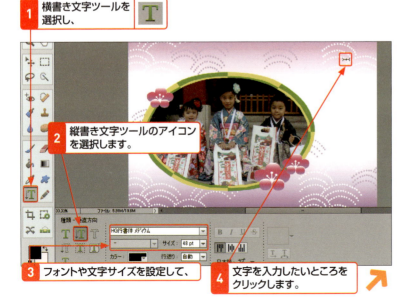

1. 横書き文字ツールを選択し、
2. 縦書き文字ツールのアイコンを選択します。
3. フォントや文字サイズを設定して、
4. 文字を入力したいところをクリックします。

MEMO

文字の入力

縦書き文字ツール（P.198参照）を使って文字を入力します。文字サイズや文字色は後から調整していくので、フォントと行送り以外は適当に設定しておいて構いません。

5 文字を入力し、

6 ここをクリックして確定します。

7 移動ツールを選択し、

8 ドラッグして文字の位置を調整します。

9 文字を配置できました。

2 文字の色やスタイルを指定する

1 ダブルクリックして文字が選択された状態にし、

MEMO

文字サイズと位置の調整

文字サイズは、文字ツールのツールオプションバーで数値指定することもできますが、移動ツールを使って拡大／縮小を行う方が、マウスで直感的に調整することができ、さらにサイズの調整も同時に行えます。ポストカード作成など全体のデザインバランスを考えながらの作業にはこちらの方が向いています。また、四隅のハンドルの外側をドラッグすることで文字の回転も行えます。

HINT

年賀状用の文字が用意されている

「賀正」などの年賀状用の文字は、グラフィックパネルにイラストとして用意されています（Sec.95参照）。

2 <その他>をクリックして、

3 <スウォッチ>をクリックし、

4 文字に設定したい色をクリックして、

5 ここをクリックして確定すると文字に色が設定されます。

MEMO

スウォッチパネルでの文字色の設定

スウォッチパネルには複数の色が登録されており、絵の具のパレット感覚で色を選択できます。文字の色を設定する場合、対象の文字を選択状態にする必要があります。移動ツールで文字の上をダブルクリックするか、文字ツールに切り替えて文字上をドラッグします。

HINT

文字の書式を個別に変更する

左の手順ではすべての文字に一括して文字色を設定していますが、一部の文字だけを選択すれば、その文字にだけ、ほかと違う文字色や文字サイズを設定することができます。一部の文字だけを選択するには、目的の文字上をドラッグします。

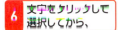

6 文字をクリックして選択してから、

7 <レイヤー>メニュー→<レイヤースタイル>→<スタイル設定>の順にクリックして、

HINT

レイヤースタイルの表示

レイヤースタイルの各種項目は、文字をクリックして選択した状態でないと表示されません。

KEYWORD

ドロップシャドウ

レイヤースタイルのドロップシャドウは画像や文字に影を付ける設定です。<サイズ>で影の大きさを、<距離>で元の画像からの距離を設定し、<不透明度>で影の濃さを調整します。また、<角度>の円上をドラッグして影ができる向きを指定します。

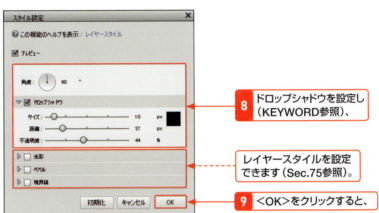

8 ドロップシャドウを設定し（KEYWORD参照）、

レイヤースタイルを設定できます（Sec.75参照）。

9 <OK>をクリックすると、

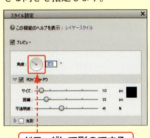

ドラッグして影のできる向きを調整します。

HINT

スタイル設定はリアルタイムで反映される

<スタイル設定>ダイアログボックスでの設定は、<プレビュー>にチェックが付いていると<OK>をクリックしなくても編集画面上に直ちに反映されるので、結果を見ながら設定することができます。もし、設定を取りやめたくなった場合は、<キャンセル>をクリックしてダイアログボックスを閉じれば、設定前の状態に戻ります。

10 文字に影が付きます。

11 文字にスタイルを設定できました。

Section 95 はがきにイラストを追加しよう

覚えておきたいキーワード
グラフィックパネル
イラスト

Photoshop Elementsには**イラスト素材**が用意されているので、写真を装飾できます。干支のイラストもあるので、年賀状作成にも利用できます。

Before: このままでは少しさびしいのではがきを飾りたい。
After: イラストを追加して写真をにぎやかに飾ることができた。

1 グラフィックパネルからイラストを貼り付ける

① <グラフィック>をクリックしてパネルを表示し、
② ここをクリックして、
③ <グラフィック>を選択します。

MEMO

グラフィック

グラフィックパネルから<グラフィック>を選択すると、イラスト素材が表示されます。吹き出しや自然、乗り物に干支などさまざまなジャンルのイラストがあります。

4 目的のイラストをダブルクリックすると、

5 はがき上にイラストが配置されます。

6 移動ツールを選択して、

7 サイズと位置を調整し、

8 ここをクリックして確定します。

同様の手順でほかのイラストも配置します。

MEMO

サイズの調整

イラストのサイズを変更したい場合は、移動ツール  で調整します。拡大／縮小中はイラストが粗く表示されますが、確定するときれいになります。

HINT

たくさんのイラストが用意されている

グラフィックパネルには、筆文字（P.279のHINT参照）や干支のイラストも用意されているので、年賀状作成に活躍します。それ以外のイラストももちろん多いので普段使いにも最適です。

Section 96 はがきを印刷しよう

覚えておきたいキーワード
- プリント
- レイヤーの統合

はがきが完成したら印刷しましょう。最初にPhotoshop形式で保存してから、プリントサービスを利用する場合のことも考えてレイヤーを統合しJPEG形式などで書き出します。

1 保存して印刷する

1 <ファイル>メニュー→<保存>の順にクリックします。

HINT参照。

2 ファイル名を入力して、

3 Photoshop形式が選択されていることを確認し、

4 <保存>をクリックします。

MEMO

2種類の形式で保存する

プリントサービスを利用する場合は、Photoshop形式のファイルでは受け付けてもらえないことが多いため、より一般的なJPEG形式で保存します。ただし、JPEG形式で保存すると、レイヤー（Sec.72参照）が失われるため、後からテキストやフレームを編集できなくなります。ここでは、先にPhotoshop形式で保存してからJPEG形式で保存します。

HINT

Web用に保存の利用

<ファイル>メニューの<Web用に保存>を利用してもJPEG形式で保存することができます（Sec.98参照）。この方法だと元のPhotoshopファイルが失われる心配がありません。

> **MEMO**
>
> **はがきのプリント**
>
> プリンターではがきに印刷する場合も、印刷の手順自体は変わりません。用紙サイズではがきを選択しますが、プリンターによっては紙の端ぎりぎりまで印刷する「縁なし印刷（borderless）」ができる場合があります。それを利用する場合は、用紙サイズで適切なものを選択してください。

2 JPEG形式で保存する

> **MEMO**
>
> **別名で保存**
>
> 別名で保存を選択すると、つねにファイル名を変えて保存することになります。元のファイルに上書き保存したくない場合に利用します。

2 ファイル名を入力して、

3 <JPEG>を選択し、

4 <保存>をクリックします。

5 続けて表示される画面で画質などを設定します。

STEPUP

レイヤーを統合して保存する

レイヤーを統合して1枚の画像として保存することもできます。これを実行すると、レイヤーがすべて最背面のレイヤー（ここでは「背景」）にまとめられます。ただし、レイヤーとしての操作ができなくなるので、誤って上書き保存しないよう注意してください。

1 <レイヤー>メニュー→<画像を統合>の順にクリックすると、

2 レイヤーが統合されます。

第9章
大切な写真を保存・公開しよう

Section
- 97 写真のサイズを変更しよう
- 98 Webページ用に写真を保存しよう
- 99 フォトコラージュを作成しよう
- 100 スライドショーを作成しよう
- 101 CD-RやUSBメモリーに写真を保存しよう
- 102 写真のバックアップを作成しよう

Section 97 写真のサイズを変更しよう

覚えておきたいキーワード
写真のサイズ変更
解像度

画素数が高いデジタルカメラから取り込んだ写真は、ピクセル数が多い大きなサイズの写真となります。印刷やWebページでの表示のために、**ファイルのサイズ**や**解像度**を下げます。

1 用紙に合わせて写真を小さくする

写真をElements Editorで開いておきます。

1. <ガイド>をクリックして、
2. <基本>をクリックし、
3. <写真のサイズ変更>をクリックすると、

4. 「写真のサイズ変更」のガイドが表示されます。

MEMO

写真ファイルのサイズを小さくするには

画素数の高いデジタルカメラで撮影した写真は、ファイルサイズが大きくなります。高品質ですが、Webページで表示する際の画像の読み取りや、印刷に時間がかかったりしてしまいます。
ここでは、写真のファイルサイズを下げる方法を2通り紹介します。1つは、ガイドモードを利用して、プレビュー画面を見ながらプリントサイズを直感的に変更できる、最も手軽な方法です。もう1つは、<画像解像度>ダイアログボックスを利用して、ピクセル数（画素の最小単位）を下げることで解像度を変更し、ファイルサイズを下げる方法で、より細かな調整が行えます。
なお、Webページ用のファイルサイズ縮小については、<Web用に保存>ダイアログボックスを利用する方法もあります（Sec.98参照）。

5 <プリント>をクリックし、

6 ここをクリックして、

7 ＜100×148cm（ハガキ）＞をクリックします。

HINT参照。

8 <プレビュー>をクリックすると、

9 プレビュー画面が表示されます。

10 ドラッグして印刷範囲を選択できます。

11 決定したらここをクリックします。

MEMO参照。

12 <次へ>をクリックして保存します（P.148参照）。

HINT

Web用のサイズ変更もできる

<プリント>をクリックして、印刷用にサイズを変更することもできます。＜Web＞をクリックすると、Web表示用にサイズ変更することもできます。設定できるサイズオプションは、「長辺」「短辺」「幅と高さ」「ファイルサイズ」です。「ファイルサイズ」では最大サイズをキロバイト単位で直接入力して指定できます。

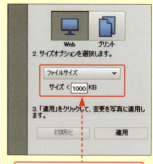

ファイルサイズを落とすことも簡単にできます。

MEMO

最初の状態に戻す

<初期化>をクリックすると、最初の状態に戻ります。

9 大切な写真を保存・公開しよう

97 写真のサイズを変更しよう

2 画像解像度を変えて写真を小さくする

1 Elements Editorで目的の写真を開き、

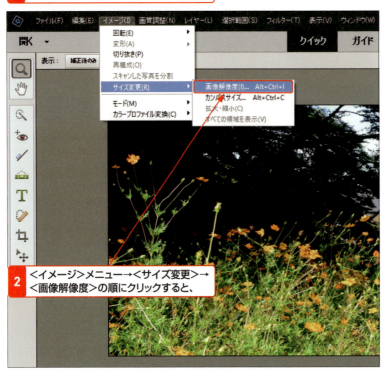

2 <イメージ>メニュー→<サイズ変更>→<画像解像度>の順にクリックすると、

3 <画像解像度>ダイアログボックスが表示されます。

写真の現在の解像度を確認できます。

KEYWORD

ピクセル

ピクセルとは画素の最小単位のことです。解像度はピクセルが1インチ単位（per/inch）にどれほど含まれているのかを示しています。ピクセル数（解像度）が多いほど、高品質ですが容量の大きいデータになります。ここではピクセル数を調整することで解像度を変更しています。

HINT

ピクセル数とドキュメントサイズ

手順3の画面の<ピクセル数>グループの数値は、写真（画像）の横と縦にそれぞれいくつのピクセルが並んでいるかを示しています。また、<ドキュメントのサイズ>グループの数値は、印刷時の写真の幅と高さを示しています。画面に表示される画像サイズは、ピクセル数の変更に合わせて拡大／縮小されます。

再サンプル

「再サンプル」とは、画像のサイズ変更時にピクセル数を増減することです。再サンプルでサイズを拡大／縮小する場合、現在あるピクセルの色を混ぜ合わせて、新しいピクセルの色が決められます。こうすることで画像の拡大／縮小にともなうピクセルの増減が自然に見えます。なお、再サンプルでピクセル数を増やしても、元の画像より画質が上がることはありません。

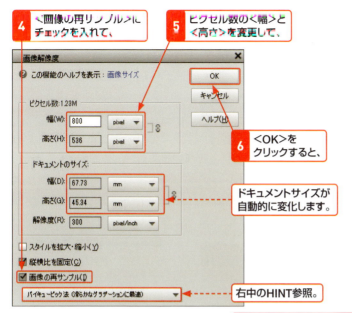

4 <画像の再サンプル>にチェックを入れて、
5 ピクセル数の<幅>と<高さ>を変更して、
6 <OK>をクリックすると、
ドキュメントサイズが自動的に変化します。
右中のHINT参照。

7 解像度が変更され、画像サイズが縮小されます。

HINT

再サンプルの方式

再サンプルの方式は選ぶことができます。一般的に写真では「バイキュービック法」が用いられます。

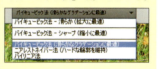

HINT

再サンプルを行わずに解像度を変更する

<画像解像度>ダイアログボックスで<画像の再サンプル>をオフ☐にすると、解像度やドキュメントのサイズを変更しても、ピクセル数が変わりません。画質を保ったまま印刷時のサイズを変更したいときに利用します。

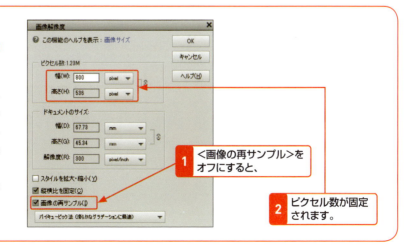

1 <画像の再サンプル>をオフにすると、
2 ピクセル数が固定されます。

291

Section 98 Webページ用に写真を保存しよう

覚えておきたいキーワード
- Web用に保存
- ファイル形式

ブログなどWebページに載せたり、SNSに投稿したりする写真は、ファイルサイズを小さくするために最適化します。最適化には＜Web用に保存＞ダイアログボックスを使います。

1 ＜Web用に保存＞ダイアログボックスを表示する

1 Web用に保存したい写真を開き、

2 ＜ファイル＞メニュー→＜Web用に保存＞の順にクリックします。

3 ＜Web用に保存＞ダイアログボックスが表示されます。

KEYWORD

GIF形式、PNG形式、JPEG形式

＜Web用に保存＞ダイアログボックスでは次の3種類のファイル形式で保存できます。

① GIF形式
少ない色数でファイルサイズを抑えられ、イラストやロゴに適しています。

② JPEG形式
ファイルサイズを小さく抑えつつ、きれいに写真を保存するのに適しています。

③ PNG形式
高い圧縮率が特長のファイル形式で、色数が少ないPNG-8形式と、フルカラーのPNG-24形式があります。フルカラーにするとJPEG形式よりファイルサイズが大きくなってしまいます。

HINT

Facebookで共有する

Web用に保存し直した画像は、FacebookなどSNSの投稿にも適しています。Facebookへの投稿は、＜配信＞タブから行えます。

2 ファイル形式と解像度を変更する

1 ここでファイル形式（P.292の KEYWORD参照）を選択して、
2 ここで画質を設定し（右上のMEMO参照）、
3 ここでピクセルサイズを設定すると（右下のMEMO参照）、

MEMO

画質の設定

JPEG形式で保存する際の画質は、＜画質＞の左の一覧から選択するか、＜画質＞のボックスに0～100の数値を入力して指定します。数値が大きいほど画質がよくなりますが、ファイルサイズも大きくなります。
設定を変更すると、推定ファイルサイズがプレビュー画像の下に表示されます。

ファイルサイズと推定ダウンロード時間が表示されます。

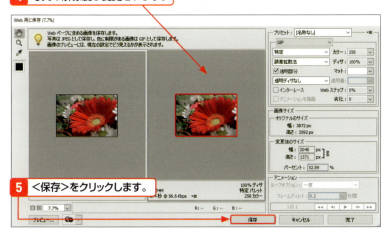

4 写真の解像度が変更されます。
5 ＜保存＞をクリックします。

MEMO

解像度の設定

手順3の＜変更後のサイズ＞で最終出力のピクセルサイズを設定することができます。＜縦横比を固定＞がオンの状態では、＜幅＞か＜高さ＞のどちらかを入力すると、もう一方も自動的に設定されます。＜縦横比を固定＞をオフにすると、＜幅＞と＜高さ＞を個別に設定できます。
なお、ここでピクセルサイズを変更しても、Elements Editorで開いている写真とは別ファイルなので、影響しません。

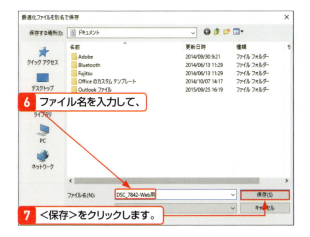

6 ファイル名を入力して、
7 ＜保存＞をクリックします。

293

Section 99 フォトコラージュを作成しよう

覚えておきたいキーワード
- フォトプロジェクト
- フォトコラージュ

フォトプロジェクト機能でカレンダーやフォトブックなどの作品を作成できます。ここでは、複数の写真をA4サイズの台紙にレイアウトする**フォトコラージュ**を作成する方法を解説します。

複数の写真を、 → 1枚の台紙にレイアウトした。

1 フォトコラージュを作成する

1. Elements Organizerで素材として使う写真を選択し、
2. <作成>をクリックし、
3. <フォトコラージュ>を選択します。

KEYWORD

フォトプロジェクト

写真を素材にさまざまな作品を作る機能を「フォトプロジェクト」と呼びます。フォトプロジェクトは、Elements Organizerの<作成>をクリックすると表示されるメニューから、目的の作品を選ぶことで開始できます。
なお、ガイドモードの「楽しい編集」にある「効果のコラージュ」「写真のスタック」でもコラージュ風の作品を作ることができます。

4 Elements Editorが起動して、<フォトコラージュ>ダイアログボックスが表示されます。

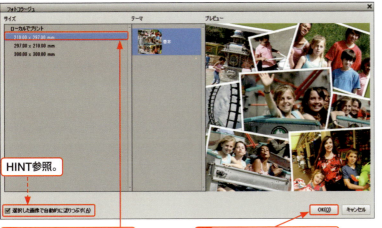

HINT参照。

5 台紙のサイズを選択し、

6 <OK>をクリックすると、

7 フォトコラージュが作成されます。

写真が自動で配置されているので、レイアウトを整えていきます。

MEMO

フォトコラージュの作成

フォトコラージュは、台紙上にElements Organizerで選択した複数の写真をレイアウトしたものです。作成したフォトコラージュは、ポスターやフライヤー、Webページのトップ画像などに利用できます。

HINT

フレームを自動配置する

<フォトコラージュ>ダイアログボックスの<選択した画像で自動的に塗りつぶす>をオンにして手順を進めると、手順**7**のようにフォトコラージュの台紙が写真を配置するフレームで埋め尽くされ、一部のフレームには手順**1**で選択した写真が配置されます。オフにして手順を進めると、フレームに写真が自動配置されないので、後から手動で写真を配置します（P.296右下のHINT参照）。

STEPUP

フォトカレンダーやグリーティングカードを作る

P.294の手順**3**のメニューから選択することで、写真を素材にしたカレンダーやグリーティングカードを作ることができます。基本的な作り方の流れは、フォトコラージュと同じです。

フォトカレンダー

グリーティングカード

9 大切な写真を保存・公開しよう

99 フォトコラージュを作成しよう

2 写真のレイアウトを変更する

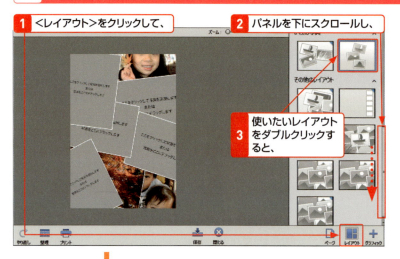

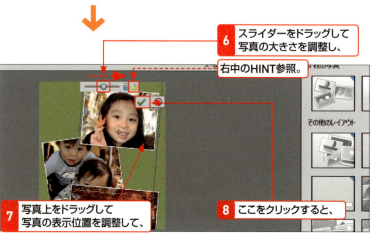

MEMO

フレーム内の写真の編集

フォトコラージュを作成すると、Elements Organizerで選択した写真がフレーム内に自動配置されます。フレームをダブルクリックすると、フレーム内の写真の周囲にバウンディングボックスが表示され、ハンドルをドラッグして拡大／縮小などができます。

HINT

写真を置き換える

フレーム内の写真を別の写真に置き換えるには、フレームをダブルクリックすると表示されるフォルダーのアイコンをクリックして、新しい写真を選択します。

HINT

写真を手動で配置する

すべてのフレームが空の状態でフォトコラージュを作成した場合は、フォトエリアからフレームにドラッグ＆ドロップして写真を配置します。

1. ＜フォトエリア＞をクリックして選択したファイルを表示します。

2. 写真をフレームにドラッグ＆ドロップします。

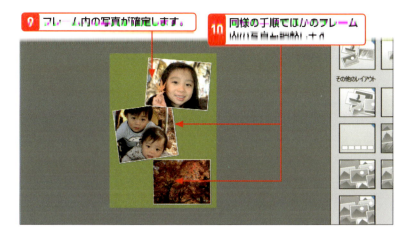

MEMO

フレームの編集

フレームをクリックするとフレームのバウンディングボックスが表示されます。レイヤーや選択範囲などと同様に、ハンドルをドラッグしてフレームを拡大／縮小したり、回転したりできます。このとき、フレーム内の写真も追随して拡大／縮小／回転します。

3 背景を変更する

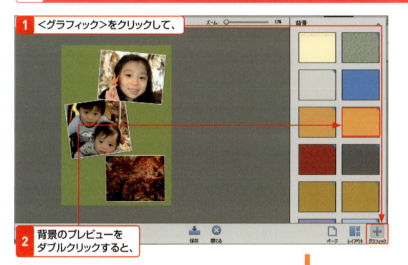

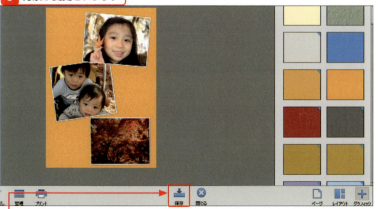

HINT

編集可能な状態で保存する

手順4で＜保存＞をクリックすると、＜名前を付けて保存＞ダイアログボックスが表示されます。＜ファイル形式＞は、＜Photo Project形式＞と＜Acrobat PDF＞のどちらかを選択することができます。

＜Photo Project形式＞を選択すると、後からElements Editorでフレームの移動や写真の入れ替えなどの再編集が可能な状態で保存できます。

印刷したり、人に渡したりしたい場合は、＜Acrobat PDF＞を選択し、PDF形式で保存します。PDFで保存した場合、後から再編集はできません。

Section 100 スライドショーを作成しよう

覚えておきたいキーワード
スライドショービルダー
ビデオファイル

Elements Organizerに取り込んだ写真をもとにして、複数の写真が自動的に切り替わって表示されるスライドショーを作成できます。作成したスライドショーはビデオファイルとして書き出します。

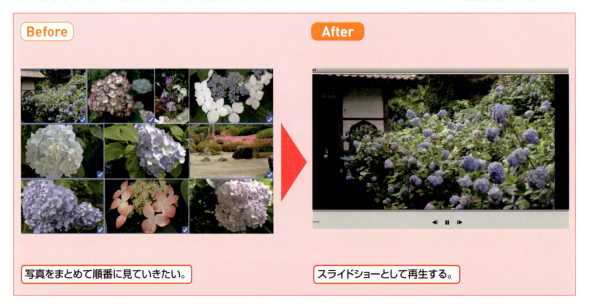

Before: 写真をまとめて順番に見ていきたい。
After: スライドショーとして再生する。

1 スライドショーを作成する

1. Elements Organizerで写真を選択して、
2. ＜作成＞をクリックし、
3. ＜スライドショー＞を選択すると、

MEMO

スライドショーに利用する写真の選択

選択したい写真が連続して並んでいる場合は、Shiftを押しながら、範囲の最初と最後の写真をクリックするだけでまとめて選択することができます。また、Ctrl+Aを押すと、現在表示されている写真をすべて選択することができます。

4 ＜スライドショー・テーマを選択＞ダイアログボックスが表示されます。

5 テーマ（ここでは＜クラシックダーク＞）を選択し、

6 ＜次へ＞をクリックすると、

7 全画面表示に切り替わり、音楽とともにスライドショーが開始します。

8 マウスを動かすと、

9 操作パネルが表示されるので、ここから停止や編集などの操作を行います。

KEYWORD

スライドショーのテーマ

それぞれのシーン別に、音楽や背景の異なるテーマが5つ用意されています。テーマごとに写真の見え方も異なります。

HINT

音量に注意！

手順6で＜次へ＞をクリックすると、いきなり全画面表示に切り替わり音楽が流れ出します。周囲に人がいる中で作成する際は、パソコンのスピーカーをオフにしておきましょう。

MEMO

操作パネルの利用

操作パネルでは、以下の5つの操作を行うことができます。
①停止
　スライドショーを停止します。
②編集
　スライドショービルダー（P.300参照）を表示します。
③保存
　スライドショーを保存します。
④書き出し
　ビデオ形式に書き出します（P.303参照）。
⑤終了
　スライドショーを終了します。

100 スライドショーを作成しよう

9 大切な写真を保存・公開しよう

2 スライドの内容を編集する

操作パネル（P.299参照）で＜編集＞をクリックして、スライドショービルダーを表示しています。

　目的のスライドを選択し、

MEMO参照。

　移動させたいスライドの位置までドラッグします。

3　スライドの位置が変わりました。

4　スライドを右クリックして（HINT参照）、

5　＜スライドショーからアイテムを削除＞をクリックすると、

KEYWORD

スライドショービルダー

スライドショービルダーではスライドショーの内容を編集することができます。スライドショー再生中に操作パネルを表示して＜編集＞をクリックするか、スライドショー保存後にElements Organizerに表示されるサムネールをダブルクリックすると、開くことができます。

HINT

右クリックで表示されるメニュー

スライドを右クリックして表示されるほかのメニューは、＜PSEで編集＞（Elements Editorが開きます）、＜キャプションを編集＞です。スライドショーの削除は画面下部のボタンでも行えます。

MEMO

スライドショービルダーでスライドを編集する

スライドショービルダーでは、スライドの選択のほかに音楽や背景などの編集を行うことが可能です。

↺	編集した内容を取り消します。
✕	選択したスライドを削除します。
🖥	テーマ（P.299のKEYWORD参照）の選択や変更が行えます。
🔊	音楽の選択や変更が行えます。
🖼	キャプション（P.301のSTEPUP参照）の表示と非表示を切り替えます。
＋	テキストスライド（P.301のSTEPUP参照）を追加します。
▶	編集途中で動画を再生します。

9　大切な写真を保存・公開しよう

6 ダイアログボックスが表示されるので<はい>をクリックします。

7 スライドが削除されました。

8 <メディアを追加>をクリックして、

9 <Elements Organizerから写真とビデオを追加>をクリックすると、

10 <メディアを追加>ダイアログボックスが表示されます。

11 スライドショーに追加したい写真をクリックして選択し、

12 <完了>をクリックすると、

MEMO参照。

13 選択した写真がスライドショーに追加されます。

MEMO

複数の写真を追加するには

複数の写真を追加する場合は、写真を選択した後に<選択したメディアを追加>をクリックし、すべて追加し終わった後に<完了>をクリックします。

STEPUP

そのほかの編集機能

スライドショービルダーでは、ほかにもさまざまな編集を行うことができます。キャプション(写真の説明文)を追加したり、テキストスライドを追加して全体のタイトルのように見せたりなど、スライドショーをより効果的に見せる機能が用意されています。

キャプションの追加

テキストスライドの追加

3 スライドショーを保存する

1 <保存>をクリックして、

MEMO
スライドショーの保存

作成したスライドショーは、後でまた利用できるようプロジェクトとして保存しておきましょう。保存したスライドショーはElements Organizerに表示され、ダブルクリックして開き、編集の続きをすることができます。

 2 ファイル名を入力して、

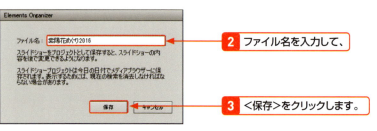

3 <保存>をクリックします。

4 ×をクリックして、スライドショービルダーを閉じます。

5 Elements Organizerを開くとファイルが保存されていることを確認できます。

HINT参照。

HINT
スライドショープロジェクトのアイコン

保存されたファイルのサムネールには、スライドショープロジェクトを示すアイコン が表示されています。

4 スライドショーを書き出す

1 <書き出し>をクリックして、

2 <ローカルディスクへ書き出し>をクリックします。

3 ファイル名を入力して、

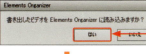

4 <OK>をクリックすると、書き出しが開始します(右下のHINT参照)。

5 <はい>をクリックします。

6 Elements Organizerを開くとファイルが保存されていることを確認できます。

右中のHINT参照。

7 保存された動画ファイルをダブルクリックして、

8 再生ボタンをクリックすると、

9 スライドショーが再生されます。

MEMO

スライドショーの書き出し

スライドショービルダーでは、スライドショーをMP4形式の動画ファイルかFacebookへの投稿動画として書き出すことができます。

①MP4形式のビデオファイル
一般的な動画形式のファイルです。Windows付属のメディアプレーヤー(Windows Media Player)のほか、OS Xでも再生できます。

②Facebookへの投稿動画
Facebookの動画投稿画面が表示されます。

Facebookへの投稿

HINT

動画ファイルのアイコン

保存されたファイルのサムネールには、動画を示すアイコン🎬が表示されています。

HINT

書き出しには時間がかかる

手順4の後に下図のようなダイアログボックスが表示されます。書き出しには数分〜数十分程度かかります。

Section 101 CD-RやUSBメモリーに写真を保存しよう

覚えておきたいキーワード
- リムーバブルディスク
- CDへの書き込み

写真データを持ち運んだり、人に渡したりする手段としては**CD-R**や**USBメモリー**を使うのが一般的です。それぞれ特性があるので、用途に合わせていずれかの方法を選びましょう。

1 USBメモリーに写真を保存する

1 Elements Organizerでコピーしたい写真を選択します。

2 USBメモリーをパソコンに接続するとフォルダーウィンドウが表示されます（P.305下のHINT参照）。

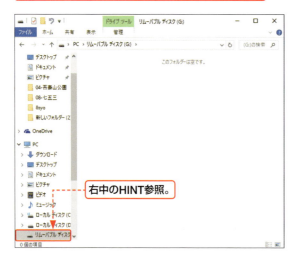

右中のHINT参照。

HINT 複数の写真の選択

Ctrl（OS Xではcommand）を押しながらクリックすると複数の写真を選択できますが、数が多いとかなりの手間になります。
選択したい写真が連続して並んでいる場合は、Shift（OS Xではshift）を押しながら、選択したい範囲の最初と最後の写真をクリックするだけでまとめて選択することができます。

HINT ウィンドウが表示されない

USBメモリーのフォルダーウィンドウが表示されない場合は、タスクバーのエクスプローラーアイコンをクリックしてフォルダーウィンドウを開き、サイドバーで＜コンピューター＞→＜リムーバブルディスク＞と選択します。

KEYWORD USBメモリー

USBメモリーは、手軽にファイルをコピーできるリムーバブルディスク（取り外し可能な記憶装置）です。取り扱いが簡単な上に、記憶容量も大きいため、写真や文書などのデータを持ち運ぶために広く使われています。

3 選択した写真をフォルダーウィンドウにドラッグします。

4 ファイルがコピーされます。

MEMO

フォルダーへのコピー

Elements Organizerで管理している、パソコンの中の写真をUSBメモリーのフォルダーにドラッグ＆ドロップすると、ファイルをコピーすることができます。

HINT

アルバムやイベントの写真をまとめてコピーするには？

アルバムやイベントを選択して、その中の写真を表示した状態で、Ctrl+A（OS Xではcommand+A）を押すと、アルバムやイベント内のすべての写真をまとめて選択することができます。後はフォルダーウィンドウにドラッグするだけです。

HINT

USBメモリーを開く

P.304手順2でUSBメモリーの中身をフォルダーウィンドウに表示していますが、パソコンの設定によっては、USBメモリーを接続するとメッセージが表示され、USBメモリーの取り扱いを選択できます。P.304の手順のように、フォルダーウィンドウに中身を表示するには、右の手順に従います。なお、OS XではUSBメモリーのアイコンがデスクトップに表示されるので、それをダブルクリックするとウィンドウが開きます。

Windows 10／8.1／8の場合

1 この画面が表示されたら、

2 ＜フォルダーを開いてファイルを表示＞をクリックします。

Windows 7の場合

1 ＜自動再生＞ダイアログボックスが表示されたら、

2 ＜フォルダーを開いてファイルを表示＞をクリックします。

2 CD-Rに写真を保存する

1 空のCD-Rをドライブに挿入するとメッセージが表示されるので、クリックします。

2 <ファイルをディスクに書き込む>をクリックすると、

3 ディスクの書き込みウィンドウに切り替わります。

4 ディスクのタイトルを入力し、

5 <CD/DVDプレーヤーで使用する>を選択して（右下のMEMO参照）、

6 <次へ>をクリックします。

7 Elements Organizerで<フォルダー>をクリックしてフォルダーを表示し、

8 コピーしたい写真が保存されているフォルダーを右クリックし、

9 <ファイルの保存場所を表示>を選択すると、

MEMO
CDへの書き込み

CDやCD-RW、DVD-Rなどの書き込み可能なディスクにデータを保存することもできます。ここではCD-Rで解説しています。これらのディスクへ書き込む場合、ドラッグ＆ドロップで直接ファイルをコピーすることができません。Elements Organizerから保存場所のフォルダーを開き、そこからコピーします。これらのディスクはUSBメモリーに比べると少々取り扱いは面倒ですが、非常に安価な記録メディアなので、写真を人にプレゼントする用途に最適です。

HINT
CD-Rのフォルダーウィンドウを開く

CD-Rをドライブに挿入しても手順1の画面が表示されない場合は、エクスプローラーを開き、<コンピューター>→<ドライブ名>の順にクリックします。大まかな流れはUSBメモリーの場合と同じです（P.304参照）。

MEMO
ディスクの書き込み方式

CD-Rへの書き込み方式には、「ライブファイルシステム」と「マスター」の2種類があります。ライブファイルシステムにはファイルの削除や編集ができるというメリットがありますが、古いパソコンなどで読み込めない場合があります。手順5では「マスター」を選択しています。

10 写真が保存されているフォルダーが表示されます。

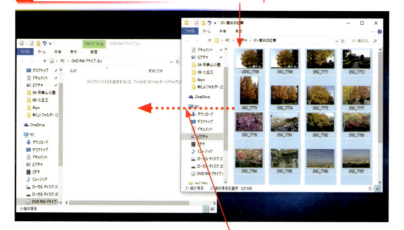

11 写真を選択してCDのフォルダーウィンドウにドラッグします。

12 <管理>をクリックして、

13 <書き込みを完了する>をクリックし、

14 <次へ>をクリックすると、書き込みが実行されます。

HINT

書き込み後のCD-Rに写真を追記するには

マスター方式で書き込んだディスクでも、このページで説明する手順を繰り返せば、後から写真を追記することができます。ただし、同名のファイルがあった場合、古いファイルにはアクセスできなくなるので、注意してください。

MEMO

OS XでのCD-Rへの書き込み

OS XでElements Organizerの写真をCD-Rに保存するには、次の手順に従います。
なお、手順7から手順10まではWindowsと同様です。

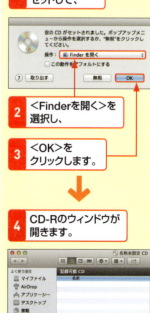

1 OS XにCDをセットして、

2 <Finderを開く>を選択し、

3 <OK>をクリックします。

4 CD-Rのウィンドウが開きます。

Section 102 写真のバックアップを作成しよう

覚えておきたいキーワード
- バックアップ
- 復元

Elements Organizerに登録した写真を、書き込み可能な（フォーマット済みの）CD／DVDやハードディスクに残しておきたい場合は、**カタログのバックアップ**をとりましょう。

1 カタログのバックアップをとる

Elements Organizerを開いた状態にしておきます。また、保存先にしたいCD／DVDの挿入、もしくはハードディスクの接続をしておきます。なお、CD／DVDはP.306の手順 1 ～ 6 を参考に書き込みのできる状態にしておきます。

1 ＜ファイル＞→＜カタログのバックアップを作成＞をクリックして、

2 ＜完全バックアップ＞を選択して、

3 ＜次へ＞をクリックします。

HINT参照。

KEYWORD

カタログ

カタログとは、Elements Organizerで読み込まれた写真とそれに関する情報を管理しているファイルです。元の写真に付けたタグや加えた修正情報など、Elements OrganizerとElements Editorで行った操作内容をすべて含みます。カタログのバックアップをとることで、Photoshop Elementsをアンインストールして違うパソコンに再インストールした場合でも、同じ環境を再現できます。

MEMO

バックアップの作成先

ここでは容量のことを考えて、CD／DVDや外付けのハードディスクに作成していますが、手順 5 の画面で＜C＞や＜D＞を選択することで、PC内に作成することも可能です（OS Xの場合はCD／DVDには作成できません）。

HINT

差分バックアップ

以前にバックアップをとったことがある場合は、その差分データのみがバックアップされます。

4 保存名を確認し、

5 ＜E:( )＞を選択して（P.308のMEMO参照）、

6 ＜バックアップを保存＞をクリックすると、

サイズと書き込みにかかる時間が表示されます。

7 書き込みが行われます。

HINT

見つからないファイル

バックアップ作成前に、見つからないファイルがあった場合は、以下の画面が表示されます。＜再リンク＞をクリックすることで、見つからないファイルを確認することができます。＜続行＞をクリックすると、見つからないファイルはそのままで、バックアップの作成が進められます。

STEPUP

カタログの復元

バックアップの内容のカタログに復元する場合は、Elements Organizerを起動し、＜ファイル＞→＜カタログの復元＞をクリックして表示されるダイアログボックスの指示に従います。

STEPUP

カタログの新規作成

仕事用とプライベート用など目的別にカタログを分けたい場合や、複数のユーザーごとに違うカタログを使用したい場合などは、新しく専用のカタログを作成することもできます。

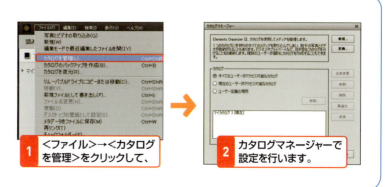

1 ＜ファイル＞→＜カタログを管理＞をクリックして、

2 カタログマネージャーで設定を行います。

App 01 Photoshop Elements 体験版のインストール

覚えておきたいキーワード
- 体験版
- Adobe ID

Photoshop Elementsを購入する前に、体験版で各機能やお使いのパソコンでの動作を試すことができます。体験版は30日間無償で使用できます。

1 ダウンロード・インストールする

1. 下のURLをWebブラウザーのアドレスバーに入力しダウンロード専用のWebサイトを表示して、

adobe.com/jp/downloads.html

2. 「Photoshop Elements 15」の<体験版>をクリックします。

3. Adobe IDの確認画面が表示されます。

4. <Adobe IDを取得>をクリックします。

MEMO

体験版の利用

体験版は、無料で30日間試用できます。なお、インストールしたという記録がパソコンの中に残されるため、30日後にアンインストールしてから体験版を再インストールしても、利用することはできません。

HINT

OS X版の体験版のインストール

OS Xの場合も、ダウンロードアシスタントをインストールする手順はWindowsとほぼ同じです。手順11の後、<ダウンロード>フォルダーにインストールされるダウンロードアシスタントをダブルクリックしていくと、P.312手順16の画面が表示されます。

KEYWORD

Adobe ID

Adobe IDは、アドビシステムズ製品のユーザー登録をしたり、各種サービスを利用するために必要なメールアドレスとパスワードの組み合わせです。

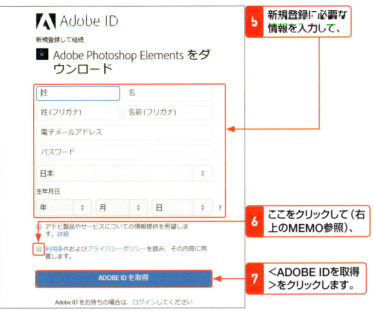

5 新規登録に必要な情報を入力して、

6 ここをクリックして（右上のMEMO参照）、

7 ＜ADOBE IDを取得＞をクリックします。

MEMO

利用許諾の確認

手順6では、利用条件やプライバシーポリシーに同意するかどうかを聞かれています。内容を読んできちんと確認してからクリックするようにしましょう。

8 ダウンロード画面が表示されます。

9 ここをクリックして、

10 日本語製品（Japanese）を選択して、

11 ＜ダウンロード＞をクリックします。

HINT

Adobe IDをすでにもっている場合は？

ほかのアドビシステムズ製品を購入した際などにAdobe IDを作成していた場合は、改めて作成する必要はありません。手順3の画面でメールアドレスとパスワードを入力し、＜ログイン＞をクリックします。

12 体験版のダウンロード画面が表示されます。

13 ＜保存＞をクリックすると、

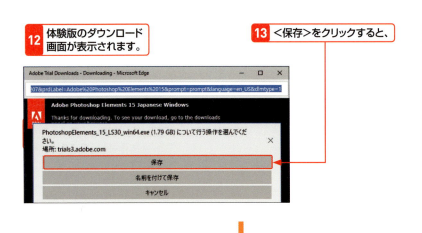

14 ダウンロードが開始されます。

MEMO参照。

15 ダウンロードが終了すると、セキュリティスキャンが行われます。

16 セキュリティスキャンが終了すると、「Adobe Photoshop Elements 15」の画面が表示されます。

17 ファイルの解凍先を確認して、

18 ＜次へ＞をクリックすると、

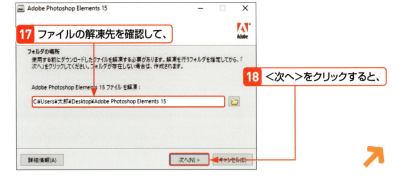

インストールの中断

体験版のインストールには数十分の時間がかかります。インストールを中断したい場合は、手順14の画面で＜一時停止＞をクリックしましょう。インストールをとりやめたい場合は＜キャンセル＞をクリックします。

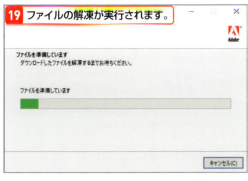

19 ファイルの解凍が実行されます。

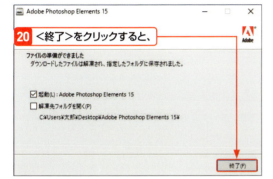

20 <終了>をクリックすると、

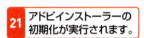

21 アドビインストーラーの初期化が実行されます。

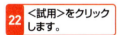

22 <試用>をクリックします。

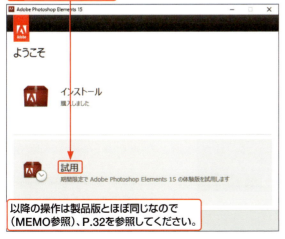

以降の操作は製品版とほぼ同じなので（MEMO参照）、P.32を参照してください。

HINT

製品版にするには？

体験版を使用期限後も継続して使用するには、製品のシリアル番号を使ってライセンス認証をします。ライセンス認証をすることで、使用期限の制限が解除された製品版になります。

シリアル番号は、Photoshop Elementsの公式サイトから購入できます。メールなどで送付されたシリアル番号を、Photoshop Elementsの起動時に表示される下図の画面から入力すると、ライセンス認証が完了します。

<このソフトウェアをライセンス認証する>をクリックして手順を進めます。

MEMO

以降の手順は製品版とほぼ同じ

手順22以降は製品版とほぼ同じ手順になります。ただし、P.33の手順8ではシリアル番号を入力させていますが、試用版の場合は入力する必要はありません。

App 02 Photoshop Elements のアンインストール

覚えておきたいキーワード
アンインストール
コントロールパネル

Photoshop Elementsが不要になった場合や、ほかのパソコンにインストールして使いたい場合は、Phortoshop Elements をアンインストールして、パソコンから削除します。

1 Windows版をアンインストールする

1 Photoshop Elementsを起動して、＜ヘルプ＞→＜サインアウト（Adobe ID）＞を選択します。

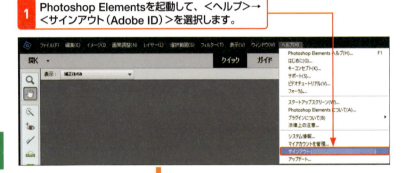

2 ＜サインアウト＞をクリックします。

3 閉じるボタン ✕ をクリックしてPhotoshop Elementsを終了します。

Windows10の場合

4 デスクトップの左下端を右クリックして、

5 ＜コントロールパネル＞を選択すると、

MEMO
アンインストール前にサインアウトが必要

Photoshop Elementsをアンインストールする前に、必ず＜ヘルプ＞メニューからサインアウトしてください。サインアウトするとPhotoshop Elementsのライセンスが解除され、ほかのパソコンに再インストールできるようになります。なお、サインアウトする際はインターネットに接続している必要があります。

MEMO
Windows版のアンインストール

Windows版Photoshop Elementsをアンインストールするには、コントロールパネルの＜プログラムのアンインストール＞をクリックして実行します。

6 コントロールパネルが表示されます。

7 ＜プログラムのアンインストール＞をクリックして、

8 ＜Adobe Photoshop Elements 15＞を選択し、

9 ＜アンインストール＞をクリックします。

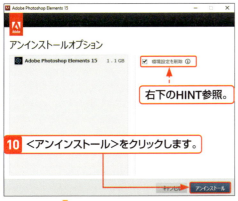

右下のHINT参照。

10 ＜アンインストール＞をクリックします。

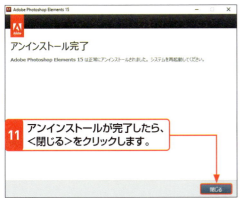

11 アンインストールが完了したら、＜閉じる＞をクリックします。

HINT

Windows 8.1 ／ 8 ／ 7の場合

Windows 8.1 ／ 8の場合も、手順4の方法で手順6の画面を表示できます。Windows 7の場合は、スタートメニューを表示して＜コントロールパネル＞をクリックすると、手順6の画面が表示されます。

＜コントロールパネル＞をクリックします。

HINT

環境設定を削除する

手順10の画面で＜環境設定を削除＞をオンにすると、Photoshop Elementsの使用中に記憶された設定情報がまとめて削除されます。オフにしてアンインストールした場合は環境設定が残るため、同じパソコンにPhotoshop Elementsを再インストールしたときに、前と同じ設定を引き継ぐことができます。

2 OS X版をアンインストールする

 Photoshop Elementsを起動して、＜ヘルプ＞→＜サインアウト（Adobe ID）＞を選択します。

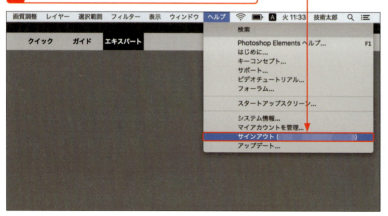

MEMO

アンインストール前にサインアウトが必要

Photoshop Elementsをアンインストールする前に、必ず＜ヘルプ＞メニューからサインアウトしてください。サインアウトするとPhotoshop Elementsのライセンスが解除され、ほかのパソコンに再インストールできるようになります。なお、サインアウトする際はインターネットに接続している必要があります。

 ＜サインアウト＞をクリックします。

3 Photoshop Elementsを終了します（P.40参照）。

4 ＜アプリケーション＞フォルダーを開き（HINT参照）、

5 ＜Adobe Photoshop Elements 15＞フォルダーをダブルクリックし、

HINT

＜アプリケーション＞フォルダーを開くには？

＜アプリケーション＞フォルダーには、OS Xにインストールされたソフトウェアがまとめられています。＜アプリケーション＞フォルダーのウインドウを開くには、Finderの＜移動＞メニューから＜アプリケーション＞を選択します。

6 ＜Adobe Photoshop Elements15を アンインストール＞をダブルクリックします。

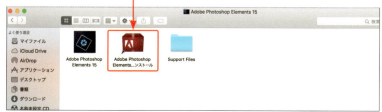

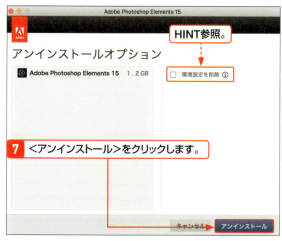

HINT参照。

7 ＜アンインストール＞をクリックします。

8 管理者パスワードを入力し、

9 ＜OK＞をクリックすると、アンインストールが開始されます。

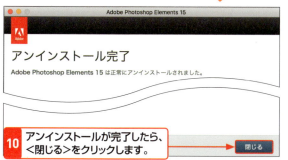

10 アンインストールが完了したら、＜閉じる＞をクリックします。

HINT

環境設定を削除する

手順7の画面で＜環境設定を削除＞をオン☑にすると、Photoshop Elementsの使用中に記憶された設定情報がまとめて削除されます。オフ□にしてアンインストールした場合は環境設定が残るため、同じパソコンにPhotoshop Elementsを再インストールしたときに、前と同じ設定を引き継ぐことができます。

MEMO

管理者パスワードの入力

OS Xでは、アプリケーションをアンインストールする際に、管理者ユーザーのパスワードの入力を求められます。パスワードを入力して＜OK＞をクリックすると、アンインストールが開始されます。

索引

アルファベット

- Adobe ID ･･･････････････････････ 32, 35, 311
- Camera Raw ･･･････････････････････ 243, 245
- CD ･････････････････････････････････････ 306
- CMYK ･･････････････････････････････････ 29
- dpi ････････････････････････････････････ 28
- Elements Editor ･･･････････････････････ 88
- Elements Organizer ･････････････ 42, 44, 56
- Facebook ･･････････････････････････････ 292
- GIF形式 ･･･････････････････････････ 48, 292
- JPEG形式 ･･････････････････････ 48, 121, 292
- JPEGファイル ･････････････････････････ 242
- PDF ･･････････････････････････････････ 297
- Photo Project形式 ･･･････････････････ 297
- Photomerge ･････････････････ 209, 233, 235
- Photomerge Group Shot ･････････････ 236
- Photomerge Panorama ･･･････････････ 232
- Photoshop Elements ･････････････ 22, 36
- Photoshop Elements Editor ･･･････････ 88
- Photoshop形式 ･･････････ 48, 121, 191, 225
- PNG形式 ･･････････････････････ 48, 121, 292
- ppi ･･････････････････････････････････ 28, 273
- RAW形式 ･･････････････････････････････ 48
- RAWファイル ･････････････････････････ 242
- RGB ･･･････････････････････････････････ 29
- USBメモリー ･･････････････････････････ 304
- Web用に保存 ･････････････････････････ 292

あ行

- 赤目修正 ･･････････････････････････ 55, 136
- アルバム ･････････････････････････････ 74
- アンインストール ･･････････････････････ 314
- 移動ツール ･･･････････････････････････ 217
- イベント候補 ･･････････････････････････ 77
- イベントの作成 ････････････････････････ 76
- イベントビュー ････････････････････････ 45
- イラスト ･････････････････････････････ 283
- 色の置き換え ･････････････････････････ 162
- 色の三要素 ･･･････････････････････････ 29
- 印象派ブラシツール ･･･････････････････ 192
- インデックスプリント ･･･････････････････ 264
- エキスパートモード ･･････････････････････ 89
- 覆い焼きツール ･･･････････････････････ 138
- オートン効果 ･････････････････････････ 170

か行

- 解像度 ･･････････････････････････ 28, 290
- ガイド付き編集モード ･･････････････ 89, 146
- 顔立ちを調整 ･････････････････････････ 116
- 角度補正ツール ･･･････････････････････ 149
- カスタムプリントサイズ ･･･････････････ 268
- かすみの除去 ････････････････････････ 114
- 型抜きツール ････････････････････････ 204
- カタログ ･････････････････････････････ 308
- カテゴリ ･･････････････････････････････ 78
- カラーカーブ ･････････････････････････ 128
- かんたん補正 ･････････････････････････ 65
- 輝度ノイズ ･･･････････････････････････ 255
- キャプション ･･････････････････････････ 82
- 逆光 ･･････････････････････････････ 108, 166
- 切り抜きツール ･･･････････････････････ 140
- クイック選択ツール ･････････････････ 177, 218
- クイックモード ･･････････････････････ 88, 100
- グラデーション ････････････････････ 201, 229
- グラフィックパネル ･･････････････････････ 274
- クリッピング警告 ･･････････････････････ 249
- 検索画面 ･････････････････････････････ 84
- 検索メニュー ･･････････････････････････ 86
- 効果パネル ･･･････････････････････････ 158
- 高感度フィルム効果 ･･･････････････････ 171
- 「コミック」フィルター ････････････････････ 164
- コンテンツに応じた移動ツール ･･････････ 145

さ行

- 再構築ツール ･････････････････････････ 154
- 再サンプル ･･･････････････････････････ 291
- 彩度 ･･･････････････････････････････ 106, 250
- サムネール ･･･････････････････････････ 56
- 色相 ･･････････････････････････････････ 163
- ＜色相／彩度＞ダイアログボックス ････ 126
- 自動カラー補正 ･･･････････････････ 101, 151
- 自動スマートトーン補正 ･････････････････ 110
- 自動レベル補正 ･･･････････････････････ 101
- シャープ ････････････････････････････ 104
- シャープコントロール ･･････････････････ 254
- 写真テキスト ････････････････････････ 202
- 写真の拡大 ･････････････････････････ 57, 95
- 写真の回転 ･･･････････････････････････ 58
- 写真のサイズ変更 ････････････････････ 288
- 写真の削除 ･･･････････････････････････ 59
- 写真の取り込み ････････････････ 46, 48, 52
- 写真の非表示 ･････････････････････････ 59
- 写真を閉じる ･････････････････････････ 97
- 写真を並べて比較 ･･･････････････････ 64, 99
- 写真を開く ･･････････････････････････ 94, 96
- ＜シャドウ・ハイライト＞ダイアログボックス ･･ 131
- 修復ブラシツール ････････････････････ 144
- 重要度 ･･････････････････････････････ 82
- 情報パネル ･･･････････････････････････ 82
- 小規模のスタック ･････････････････････ 70
- 白黒 ･････････････････････････････････ 160
- 白黒：カラーの強調 ･･･････････････････ 168

索引

人物ビュー ··· 45, 70
スタートアップスクリーン ·························· 36, 38
スタック ··· 66
スポット修復ブラシツール ····································· 142
スマート補正 ··· 100, 108
スマートタグ ··· 84
スマートブラシツール ··· 188
スライドショー ··· 298
スライドショービルダー ······································· 300
設定アイコン ··· 190
選択範囲の組み合わせ ··· 216
選択範囲を反転 ··· 195

た行

体験版 ··· 310
タイムグラフ ··· 68
タグ ··· 78
調整レイヤー ··· 132, 190
長方形選択ツール ··· 214
チルトシフト ··· 172
ツールオプションバー ······································· 91
ツールボックス ··· 90
テキストレイヤー ·· 213
テクスチャパネル ······································· 159
テンプレート ··· 273
取り消し ··· 118
トリミング ··· 140
ドロップシャドウ ····································· 231, 281

な行

名前を登録する ··· 70
塗りつぶしレイヤー ··· 200
年賀状用の文字 ··· 279
ノイズ ··· 105
ノイズを低減 ··· 134

は行

背景 ··· 210
バウンディングボックス ·· 217
場所ビュー ··· 45
肌色補正 ··· 124
バックアップをとる ·· 308
パネル ··· 92
パネルバー ··· 88
パノラマ写真 ··· 232
反射 ··· 178
光の三原色 ··· 29
ピクセル ··· 290
ピクチャパッケージ ·· 263
被写界深度 ··· 176

ビットマップ画像 ·· 28
ビネット効果 ··· 175
ビュー ··· 45
描画モード ··· 229
フィルター ··· 164
フォトダウンローダー ··· 52
フォトプロジェクト ·· 294
ブラシツール ··· 197
プリントサービス ·· 259
<プリント>ダイアログボックス ··············· 258
古い写真の復元 ··· 150
フルスクリーン表示 ··· 62, 64
フレーム ·· 159, 275
ぶれの軽減 ··· 112
ベクトル画像 ··· 28
ベベル ··· 230
ぼかし(レンズ) ··· 194
ほこり除去 ··· 152
ポップアートを作成 ·· 165
ホワイトバランス ·· 252

ま行

マイフォルダーパネル ··· 60
<明瞭度>スライダー ··· 251
文字の入力 ······································· 198, 222, 278
モザイクをかける ·· 195
モノクロ ··· 160

や行

焼き込みツール ··· 139
やり直し ··· 118
指先ツール ··· 193
横書き文字マスクツール ································ 200

ら行

ライティング ··· 109
輪郭 ··· 254
レイヤースタイル ·· 230
レイヤーの状態 ··· 211
レイヤーの統合 ··· 286
レイヤーパネル ··· 210
レンズフィルター ·· 132
露光間ズーム効果 ··· 182
露光量 ··· 248
ロモカメラ効果 ··· 174

わ行

ワープテキスト ····································· 199, 224
枠からはみ出させる効果 ································ 184

お問い合わせについて

本書に関するご質問については、本書に記載されている内容に関するもののみとさせていただきます。本書の内容と関係のないご質問につきましては、一切お答えできませんので、あらかじめご了承ください。また、電話でのご質問は受け付けておりませんので、必ずFAXか書面にて下記までお送りください。

なお、ご質問の際には、必ず以下の項目を明記していただきますようお願いいたします。

1. お名前
2. 返信先の住所またはFAX番号
3. 書名(今すぐ使えるかんたん Photoshop Elements 15)
4. 本書の該当ページ
5. ご使用のOSとソフトウェアのバージョン
6. ご質問内容

なお、お送りいただいたご質問には、できる限り迅速にお答えできるよう努力いたしておりますが、場合によってはお答えするまでに時間がかかることがあります。また、回答の期日をご指定なさっても、ご希望にお応えできるとは限りません。あらかじめご了承くださいますよう、お願いいたします。ご質問の際に記載いただいた個人情報は、ご質問の返答以外の目的には使用いたしません。また、ご質問の返答後は速やかに削除させていただきます。

問い合わせ先

〒162-0846
東京都新宿区市谷左内町21-13
株式会社技術評論社　書籍編集部
「今すぐ使えるかんたん Photoshop Elements 15」質問係
FAX番号　03-3513-6167

URL：http://book.gihyo.jp

お問い合わせの例

FAX

1. お名前
   技術　太郎
2. 返信先の住所またはFAX番号
   03-XXXX-XXXX
3. 書名
   今すぐ使えるかんたん
   Photoshop Elements 15
4. 本書の該当ページ
   74ページ
5. ご使用のOSとソフトウェアのバージョン
   Windows 10
   Photoshop Elements 15
6. ご質問内容
   <新規アルバム>画面が表示されない

今すぐ使えるかんたん Photoshop Elements 15

2016年12月25日　初版　第1刷発行

著　者●技術評論社編集部
発行者●片岡　巖
発行所●株式会社　技術評論社
　　　　東京都新宿区市谷左内町21-13
　　　　電話　03-3513-6150　販売促進部
　　　　　　　03-3513-6160　書籍編集部
編集／DTP／本文デザイン●渡辺　陽子
担当●野田　大貴
装丁●田邉　恵里香
製本／印刷●大日本印刷株式会社

定価はカバーに表示してあります。

落丁・乱丁がございましたら、弊社販売促進部までお送りください。交換いたします。

本書の一部または全部を著作権法の定める範囲を超え、無断で複写、複製、転載、テープ化、ファイルに落とすことを禁じます。

ISBN978-4-7741-8539-2 C3055
Printed in Japan

©2016　技術評論社